KB123035

# 무섭지만
재밌어서 밤새 읽는
# 화학 이야기

# 무섭지만
## 재밌어서 밤새 읽는
# 화학 이야기

사마키 다케오 지음 | 김정환 옮김 | 노석구 감수

더숲

# 머리말

화학은 화학 물질의 성질과 구조, 변화를 연구하는 학문이다. 화학 물질이라는 말을 들으면 무작정 위험한 것이라고 생각하는 사람도 있을지 모르지만, 화학 물질은 우리가 학교에서 과학 시간에 지겹도록 보고 들었던 물질들이다.

우리의 몸도 전부 화학 물질로 이루어져 있으며, 우리가 살아가는 데 반드시 필요한 물·공기·음식물도 화학 물질로 구성되어 있다. 또한 우리 주변에는 화학이나 화학공업과 관련된 다양한 제품이 있는데, 당연히 그런 것들도 화학 물질로 이루어져 있다.

1장에서는 우리 주변에서 일어나고 있는 화학 변화에 관한 '무서운 이야기'를 소개했다. 나트륨(소듐)은 물속에 던지면 거대한 물기둥을 만들면서 폭발하며, 염소는 제1차 세계대전에서 최초로 사용되었던 독가스 병기의 내용물이었다. 이런 무서운 물질인 소듐과 염소가 화학 반응을 일으키면 염화 나트륨이 되는데, 이것은 우리가 일상적으로 음식에 사용하는 식염의 주성분이다. 이와 같은 사실들을 통해서 화학 변화에 대한 개념을 파악했으면 한다.

2장에서는 배터리의 발화로 인해 비행기가 추락한 사고, 폭약의 처리 실패로 산이 사라져 버린 사건, 그리고 사상 최대의 화학 공장 사고 등을 다뤘다. 인도의 보팔은 내가 2020년 1월에 여행을 갔던 곳이다. 보팔 화학 공장 사고를 조사하기 위해 그 화학 공장 주변을 돌아다니고 추모 박물관까지 견학한 나는 안전을 등한시하고 경제적 이익을 우선시하는 것이 얼마나 무서운 결과를 초래할 수 있는지 실감했다. 그리고 많은 사람들에게 꼭 알려야겠다고 생각했다.

3장에서는 코로나 팬데믹 상황에서 실시되고 있는 소독제의 공간 분무가 과연 효과가 있는지, 즉 공간 살균 및 소독의 문제를 제기했다. 이 이야기를 통해 생태계에 최대한 악영향을 끼치지 않는 쪽으로 새로운 화학 물질을 개발해야 한다는 방향성을 제시하고자 했다.

앞서 출간된 《재밌어서 밤새 읽는 화학 이야기》에서도 드라이아이스를 페트병에 넣고 밀폐하면 페트병이 터진다는 이야기, 가스 폭발 이야기, 니트로 글리세린과 다이너마이트 이야기, 일산화 탄소 중독 이야기, 대표적인 독극물인 청산(사이안화 수소) 화합물과 비소 이야기, 물 중독 이야기, 간장을 한꺼번에 많이 마시면 죽는다는 이야기, 살무사와 왜문어에게 물렸던 이야기, 독가스 이야기 등 다양한 '무서운 이야기'를 다뤘다.

이번에는 그 책에서 다루지 않았던 주제를 이야기하고자 했다. 두 책을 함께 읽는다면 더욱 무섭고 흥미로운 이야기를 많이 만날 수 있을 것이다.

이 책은 화학과 관련된 '무서운 이야기'를 다루고 있지만, 모든 것에는 빛과 어둠, 플러스와 마이너스라는 양면이 존재한다. 다양한 화학 이야기를 통해 여러분이 사물의 양면을 제대로 인식한다면 세상은 이로운 방향으로 나아가리라 믿는다.

차례

**3장** **화학 물질은 인류의 적인가, 친구인가?**

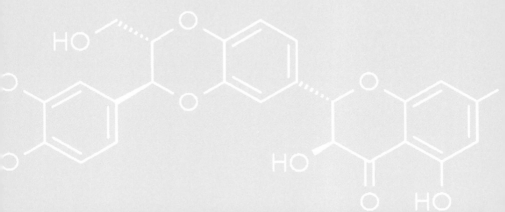

1장

# 우리 주변에서 일어나는
# 화학 변화의 공포

# 소금을 만드는 가장 위험한 방법

## '화학 변화'가
## 무엇인지 생각해 보기

자연과학은 '사물'에 관해 조사하는 학문이다. 사물을 연구하거나 사용할 때, 우리는 그 사물의 모양이나 크기, 용도, 어떤 재료로 구성되어 있는지 등에 주목하면서 각각을 구별한다. 특히 모양이나 크기 등 외형에 주목했을 경우에는 그 사물을 물체라고 한다.

또한 컵에는 유리로 만들어진 것, 종이로 만들어진 것, 금속으로 만들어진 것 등이 있는데, 컵이라는 물체를 구성하고 있는 재료에 주목했을 경우 그 재료를 물질이라고 한다. 요컨대 물질이란 '사물'의 재료라고 말할 수 있다. 물질은 '무엇으로 구성되어 있는가?'라는 재료에 주목한 관점이다. 여기에서 말하는 물질은 특히 화학 물질을 가리킨다. 앞으로 이 책에서는 물질이라는 말을 화학 물질이라는 의미로 사용할 것이다.

화학은 물질의 학문으로 불리는 자연과학의 한 부문이다. 특히 물질의 '성질'과 '구조', 그리고 '화학 반응(화학 변화)' 세 가지를 연구한다. 성질이란 밀도는 얼마나 되는가, 물에 녹는가 녹지 않는가, 가열하면 어떻게 되는가, 전기를 흘려보내면 어떻게 되는가, 시약을 첨가하면 어떻게 되는가 등 물질이 지닌 개성을 의미한다. 구조란 어떤 원자들이 어떻게 연결되어 있는지, 그것들이 어떻게 입체적으로 배치되어 있는지에 관한 것이다. 화학 반응은 화학 변화라고도 부르고 단순히 반응이라고도 하는데, 하나의 물질이 열이나 전기에 분해되거나 물질끼리 상호 작용을 일으켜 처음에 있었던 물질과는 다른 새로운 물질이 되는 것을 말한다.

이 세 가지가 화학의 연구 대상이며 서로 관련되어 있다.

## 팝콘에
## 소금 간 하기

미국의 과학 교육 연구 대회에 참가했을 때, 다양한 과학 교재의 전시 부스를 둘러보다 《테오도르 그레이의 괴짜과학Mad Science》이라는 책을 발견했다. 왠지 흥미가 생겨서 책을 들고 책장을 빠르게 넘기면서 훑어보는 중에 두 페이지에 걸쳐 실려 있는 신기한 사진이 눈에 들어왔다. 왼쪽 페이지에는 반응 용기에서 흰 연기가 위로 뿜어져 나오고 그 연기가 올라가 닿는 곳에 팝콘을 담은 플라스틱 망이 매달려 있는 사진이 실려 있었는데, 파이프를 통해서 반응 용기로 가스가 들어가고 있었다. 그 파이프 끝은 오른쪽 페이지의 '염소<sup>鹽素</sup>' 가스통에 연결되어 있었다.

이 실험의 제목은 '소금을 만드는 가장 위험한 방법'이었다. 염화 나트륨을 만들고 그것으로 팝콘에 소금 간을 하는 실험이었던 것이다. 반응 용기에 무엇이 들어 있는지는 보이지 않았지만, 아마도 금속 나트륨 덩어리가 들어 있었을 것으로 생각된다. 여기에 염소 가스를 불어 넣으면 격렬하게 발열을 일으키면서 염화 나트륨이 생긴다. 그 염화 나트륨이 위로 분출되어 팝콘에 닿도록 한 실험장치였던 것이다.

## 물과 격렬하게
## 반응하는 나트륨

나트륨은 은색을 띠는 부드러운 금속이다. 칼로 쉽게 자를 수 있을 만큼 무르다. 나는 고등학교 화학 수업 시간에 나트륨을 쌀알 크기로 잘라서 물속에 집어넣는 실험을 학생들에게 종종 보여줬다. 물속에 들어간 나트륨은 수소를 발생시키면서 수면을 돌아다니다 작아진다. 다음에는 나트륨 조각을 올려놓은 거름종이를 물 위에 조심스

럽게 띄우는 실험을 보여주는데, 그러면 오렌지색 불꽃을 내면서 타기 시작한다. 주위에 물이 많으면 열이 식기 때문에 불타지 않지만, 거름종이 위에 있으면 열이 잘 빠져나가지 못하기 때문에 불타기 시작한다.

커다란 나트륨 덩어리를 물에 던지면 거대한 물기둥이 솟아오를 정도의 큰 폭발을 일으킨다. 나는 고등학생 때 그 모습을 봤다. 나트륨은 물과 만나면 반응열로 인해 융해해 온도가 상승하고, 표면은 수산화 나트륨이 주성분인 피막으로 덮이게 된다. 그러나 이윽고 600~800℃가 되면 피막이 녹아서 내부의 나트륨이 물과 직접 접촉해 폭발이 일어난다. 이 폭발은 융해된 고온의 금속과 물의 접촉에 따른 충격파의 발생이 크게 작용하는 것으로 생각된다.

나트륨은 공기 중에 노출되어 있으면 공기 속의 수분 등과 반응해 불타거나 폭발하기 때문에 등유에 담가서 보관한다.

## 독가스 병기로 사용된
## 염소 가스

1915년 4월 22일. 벨기에의 도시 예페르에서 독일군과 영국·프랑스 연합군이 대치하고 있었다. 그때 독일군 진지에서 황백색의 연기가 봄바람을 타고 프랑스군 진지로 흘러 들어갔다. 그리고 프랑스군의 참호 속으로 연기가 흘러든 순간, 병사들은 가슴을 움켜쥐고 비명을 지르며 쓰러졌다. 그야말로 지옥과도 같은 끔찍한 광경이었다. 이것이 사상 최초의 본격 독가스전으로 기록된 제2차 예페르 전투다. 이때 독일군이 방출한 170t의 염소 가스에 프랑스군 5,000명이 사망하고 1만 4,000명이 중독되었다.

## 나트륨과 염소로
## 염화 나트륨을 만들다

《테오도르 그레이의 괴짜과학》의 실험 사진은 이런 나트륨과 염소를 이용해 염화 나트륨을 만드는 모습이었다. 조미료인 식염은 주로 이 염화 나트륨으로 구성되어 있다.

후일담이지만, 저자 테오도르 그레이는 "처음 실험했을 때는 발생한 염화 나트륨(흰 연기)이 너무 뜨거워 팝콘을 담았던 플라스틱 망이 녹는 바람에 팝콘이 아래로 쏟아져 버렸다. 그래서 흰 연기가 닿는 위치를 조정해서 다시 실험해야 했다"라고 이야기했다고 한다. 나트륨과 염소가 만나면 그만큼 격렬한 반응을 일으킨다.

나는 화학 수업 시간에 나트륨을 넣은 시험관을 가열해서 나트륨을 용해시켜 놓은 뒤 비닐봉지에 담아 놓았던 염소 가스를 유리관으로 불어 넣어 염화 나트륨 만드는 실험을 학생들에게 보여줬다. 《테오도르 그레이의 괴짜과학》의 실험에 비해 훨씬 작은 규모로 안전하게 실험한 셈이었다.

## 일상 생활에서 볼 수 있는
## 화학 변화의 예

나트륨과 염소를 합치면 나트륨도 염소도 아닌 염화 나트륨이 생기는데, 이처럼 본래의 물질과는 별개의 새로운 물질이 생겨나는 것이 바로 화학 변화(혹은 화학 반응)다.

곰팡이나 세균 등의 미생물은 살아가기 위해, 그리고 증식하기 위해 음식물을 만드는 물질, 즉 유기질을 더 작고 단순한 물질로 분해한다. 이때 유해한 것이나 악취를 발생시키는 경우가 있는데, 이것이 부패다. 한편 사람에게 유익한 물질을 만드는 것은 발효라고 부르며 부패와 구별한다. 다만 부패도 발효도 모두 화학 반응이다. 우리 식탁에는 발효를 통해 만든 식품이 많이 올라온다. 된장, 간장, 술, 식초, 치즈, 요구르트, 빵, 김치 등 다양하다.

또한 고기나 생선을 굽고, 찌고, 기름에 튀기는 등의 요리를 할 때도 처음에는 없었던 새로운 물질이 생기므로 화학 변화가 일어나고 있다고 볼 수 있다. 빵을 굽는 것 역시 화학 반응이다. 너무 타서 새카매지는 것은 탄소와 수소와 산소로 이루어진 화합물에서 탄소만 남기 때문이다.

화학 변화의 한 가지 예로, 노벨 화학상 수상자인 다나카 고이치가 초등학생 시절에 은사의 시범을 보고 감동했던 실험이 있다. 증발접시에 백설탕을 넣고 그곳에 진한 황산을 몇 방울 떨어뜨린 다음 상태를 살피는 실험이다. 잠시 후 수증기를 왕성하게 내뿜으면서 검고 두툼한 덩어리가 올라왔다. 진한 황산이 백설탕의 성분인 자당 $C_{12}H_{22}O_{11}$에서 수소 원자와 산소 원자를 2 대 1의 비율로 뽑아낸, 다시 말해 물$H_2O$을 뽑아낸 결과 남은 탄소 덩어리였던 것이다.

## 화학 변화를
## 두려워하는 사람들

과학 교과서의 화학 분야에 나오는 '물질'이라는 말은 '화학 물질'과 같은 의미다. 다만 화학 물질에는 화학 제품이라는 좁은 의미도 있다. 화학 제품은 의약품, 금속, 비누·세제, 화장품, 도료, 접착제, 비닐봉지, 플라스틱 제품, 화학 섬유 등 다종다양하다. 이들 화학 제품은 특유의 우수한 성질을 지니고 있으며, 대부분은 공업적으로 대량 생산되어 저렴한 가격으로 우리 생활을 풍요롭게 만들어 준다.

많은 일반인이 화학 물질은 위험한 것이라는 이미지를 가지고 있다. 이것은 화학 물질을 화학 제품이라는 좁은 의미로만 생각하기 때문인지도 모른다. 본래 화학 제품은 우리가 편리하고 쾌적한 생활을 유지하기 위해 없어서는 안 될 존재임에도 위험한 것으로 인식하거나 불안감을 느끼곤 한다.

보통은 '물질=화학 물질'이라고 생각해도 무방하다. 가령 우리 몸은 물과 단백질, 지방 등으로 구성되어 있는데, 이것들도 화학 물질이다. 우리가 매일 들이마시는 공기에는 질소, 산소, 아르곤, 이산화 탄소 등이 들어 있는데, 이것들도 화학 물질이다. 자연계에 존재하는 다양한 물질도 화학 물질이며 인공적으로 합성된 화학 제품도 화학 물질이다.

화학 물질에서 자연계에 존재하는 물질(천연 화학 물질)을 제외하고 생각하면, 화학 물질(화학 제품)로 한정하거나 인공 화학 물질 등으로 부르는 편이 좋을 것이다. 다만 화학 물질을 인공적으로 합성된 물질을 가리키는 용어로 사용할 때도 있으므로, 화학 물질이라는 말을 들었다면 '넓은 의미로 사용된 것인지, 아니면 인공적으로 합성된 물질이라는 좁은 의미로 사용된 것인지' 파악할 필요가 있다.

# '섞으면 위험'한 물질을 실제로 섞어 보니

---

가정용품에 '섞으면 위험'이라는
경고문을 표기하게 된 계기

현재 다양한 가정용 세제와 표백제에는 '섞으면 위험'이라는 딱지가
붙어 있다(한국의 경우, '다른 제품과 섞어 사용할 경우 인체에 치명적인 손
상을 입힐 수 있으니 섞어 사용하지 마시오'로 표기되어 있다 - 옮긴이). 이
경고문을 표시하게 된 계기는 과거에 일어난 어느 사건 때문이었다.

1987년 12월, 일본의 도쿠시마현에서 다음과 같은 사건이 일어
났다. 한 주부가 화장실에서 염산이 함유된 산성 세제를 사용하다가
좀 더 깨끗하게 닦고 싶은 마음에 차아염소산 나트륨(=하이포 아염소
산 나트륨)이 함유된 염소계 표백제를 함께 사용하는 바람에 염소가
발생했다. 좁은 화장실에서 염소가 발생한 탓에 염소 농도가 급격히

상승했고, 염소를 대량으로 흡입한 주부는 염소 급성 중독을 일으켜 사망하고 말았다.

이 사건을 계기로 1990년부터 가정용품 품질 표시법에 따라 '섞으면 위험'이라고 쓴 딱지를 붙이도록 의무화했다. 그러나 의무화 직전인 1989년에도 나가노현에서 같은 사고가 발생했으며 이후에도 또 다른 사고가 보고되었다.

## 차아염소산 나트륨이 포함된
## 표백제·곰팡이 제거제·세제의 특성은?

차아염소산 나트륨은 물에 녹고 알칼리성을 띠며 표백·살균 효과가 있다. 표백제는 섬유 등에 포함된 색을 띤 물질을 화학적으로 분해·제거함으로써 섬유를 손상시키지 않고 최대한 순백색으로 만드는 데 사용된다. 화학 반응에 따라 크게 산화형과 환원형으로 나뉘며, 산화형은 다시 염소계와 산소계로 나뉜다.

차아염소산 나트륨은 염소계 표백제의 대표적인 성분이다. 염소계는 가장 일반적인 표백제로, 표백력과 살균력이 강하지만 색깔 옷, 무늬 또는 그림이 있는 옷이나 울·실크 소재에 사용할 수 없다. 산소계(과탄산 나트륨, 과산화 수소)는 색깔 옷, 무늬 또는 그림이 들어간 옷에 사용할 수 있지만 울·실크 소재에는 사용할 수 없다.

환원형(아황산염, 하이드로 설파이트, 이산화 티오요소) 표백제는 색

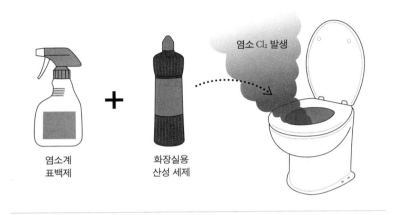

염소 Cl$_2$ 발생

염소계
표백제

화장실용
산성 세제

깔 옷, 무늬 또는 그림이 들어간 옷에 사용할 수 없지만, 철분 등으로 누렇게 변색되었거나 녹으로 오염되어서 생긴 얼룩에 효과적이다.

차아염소산 나트륨은 살균력이 강해서 곰팡이 제거제에도 들어 있다. 또한 세면대 배수 파이프의 U자 부분이나 목욕탕의 배수 파이프가 머리카락으로 막혔을 때 사용하는 파이프 세정제에도 계면 활성제 및 수산화 나트륨과 함께 차아염소산 나트륨이 들어 있다.

## 화장실 묵은 때를
## 없애는 산성 세제

화장실용 산성 세제의 성분은 염산이다. 염산은 염화 수소라는 기체의 수용액으로, 강산<sup>強酸</sup>이다.

　수세식 화장실을 지저분하게 만드는 요인은 배설물 속의 요산, 인산, 부패 단백질 등이 세정수 속의 칼슘 이온과 결합해서 생긴 요산 칼슘 또는 인산 칼슘 등 물에 잘 녹지 않는 물질 때문이다. 또한 물에 들어 있던 철분이 긴 시간 동안 축적되어서 생긴 누런 때도 화장실을 지저분하게 한다. 이런 것들은 산과 반응하면 물에 잘 녹는 물질로 바뀐다.


## 차아염소산 나트륨과
## 염산이 만나면 염소 발생

차아염소산 나트륨과 염산이 만나면 염소가 발생하며, 이때의 반응은 다음과 같다.

　　차아염소산 나트륨 + 염산 → 염화 나트륨 + 물 + 염소

　염산뿐만 아니라 구연산이나 초산(아세트산) 등 우리 주변에 있는 산도 같은 반응을 일으킨다. 또한 위액에도 염산이 들어 있기 때문에 가령 구토를 해서 나온 내용물에 차아염소산 나트륨을 섞어도 역시 염소가 발생한다. 하물며 차아염소산 나트륨이 들어 있는 수용액을 마셨다가는 위 속에서 염소가 발생하기 때문에 매우 위험하다.

또한 염소는 공기보다 밀도가 큰 까닭에 낮은 곳에 머무는 성질이 있다. 그래서 창문을 열어 환기를 시키더라도 바닥 구석에는 고농도의 염소가 남아 있는 경우가 있다.

계면 활성제가 들어 있는 곰팡이 제거제의 경우, 기체를 활성제가 만들어낸 거품이 가둬 버린다. 그리고 시간이 지나면서 거품이 사라지면 서서히 염소가 공기 속에 퍼지기 때문에 매우 위험하다. 섞는 순간에는 '괜찮은 것 같은데?'라는 생각이 들더라도 '잊어버릴 때쯤' 염소가 모습을 드러낼 위험성이 있는 것이다.

## 섞으면 위험한 물질을
## 섞어 본 실험기록

나는 중학교 교사인 친구에게 섞으면 위험한 물질을 실제로 섞어 보고 그 결과를 내가 편집장을 맡고 있는 과학 잡지에 소개해 달라고 부탁한 적이 있다. 다음은 그때의 기사 중 일부다(일부 수정 및 사진 생략).

염산이 들어 있는 화장실용 세정제에 염소계 표백제를 실제로 섞어 봤다. 바닥이 깊은 그릇에 작은 용기를 집어넣고 화장실용 세정제를 용기에 담았다. 염소의 검출에는 아이오딘화 칼륨 분지(녹말종이)를 사용했다. 이 검출지는 수용액 속에 차아염소산이 있으면 보라색으로 변하며, 색의 진한 정도를 통해 염소의 농도를 알 수 있다. 이번 실험에서는 50ppm까지 알 수 있는 저농도 대응 제품을 사용했다.

용기에 차아염소산 나트륨이 들어 있는 표백제를 담고, 용기 위에서 염산이 든 세정제를 부었다. 그러자 즉시 염소가 발생하기 시작해 15초 만에 검출지가 자주색으로 변했다. 그리고 색이 점점 진해지더니 120초 만에 최고 수준까지 진해졌다. 또한 아이오딘화 칼륨 전분지 대신 리트머스 시험지를 사용해 보니 혼합 후 용기 부근에 놓은 청색 리트머스 시험지가 약간 붉어졌으며 그 후 흰색이 되어 갔다.

염소가 물에 녹으면, 다음과 같이 표현되는 평형 상태가 된다.

염소 + 물 $\rightleftarrows$ 염산 + 차아염소산

일반적으로 중성·산성의 조건일 경우 반응은 진행되지 않지만, 어떤 조건에서는 평형이 오른쪽으로 진행되어 산을 발생시키기 때문에 리트머스 시험지가 붉어진 것으로 생각된다. 그 후에는 염소의 표백작용으로 리트머스 시험지의 리트머스 색소가 표백되어 흰색이 되어 갔다.

# 튀김 찌꺼기 화재는 왜 일어날까?

## 자연 발화로 일어나는 '튀김 찌꺼기 화재'

튀김 찌꺼기 화재가 음식점 등에서 종종 발생한다. 가정에서도 튀김 요리를 만들면 부스러기 같은 튀김 찌꺼기가 생긴다. 튀김 요리 후에는 가스레인지의 불을 끄고 남은 기름을 식힌 다음 처리한다. 그리고 기름을 닦은 종이나 천, 튀김 부스러기 등을 모아서 쓰레기통에 버릴 것이다.

튀김 요리를 만든 뒤의 기름이나 튀김 전용 기름에는 불포화지방산이 다량 함유되어 있다. 불포화지방산이란 올리브유에 많이 들어 있는 올레산, 콩기름이나 옥수수기름에 많이 들어 있는 리놀레산, 카놀라유(유채기름)에 많이 들어 있는 알파 리놀렌산 등 분자 속의 탄소 사슬에 이중결합이 존재하는 지방산을 가리킨다.

불포화지방산은 탄소 사슬의 이중결합에 공기 속의 산소가 결합하는 반응을 일으키기 쉽다(산화). 그리고 이 반응이 일어날 때 열이 발생한다. 불포화지방산이 튀김 찌꺼기나 종이에 스며든 상태에서는 공기와 접하는 부분이 커져서 산화가 진행된다. 또한 이것을 쌓아 놓으면 열이 잘 빠져나가지 못하게 된다. 그 결과 몇 시간 후에 내부의 온도가 발화점(물질에 불이 붙는 최저 온도)을 넘어서면 종이나 기름이 불타게 된다.

발화점은 신문지가 290℃도 전후, 기름이 300~400℃ 정도다. 튀김 찌꺼기 화재는 튀김 찌꺼기가 대량으로 만들어지는 음식점 등에서 많이 일어나지만, 재현 실험에 따르면 500g만 있어도 발화되기 때문에 가정에서도 발생할 가능성이 있다. 이에 대한 대책으로는 한꺼번에 모아서 버리지 않고 나눠서 버리기, 물기를 충분히 적신 상태로 버리기 등이 있다.

──────── ◆ 공기에 기름이 산화해 열을 내면서 자연 발화한다 ◆ ────────

$$\cdots\!-\!\overset{\displaystyle H}{C}\!=\!\overset{\displaystyle H}{C}\!-\cdots \;+\; O_2 \;\Rightarrow\; \cdots\!-\!\overset{\displaystyle H}{\underset{\displaystyle \diagdown}{C}}\!-\!\overset{\displaystyle H}{\underset{\displaystyle \diagup}{C}}\!-\cdots$$
$$O$$

이처럼 불포화지방산이 원인이 되는 자연 발화에는 다음과 같은 사례도 있다. 목제품에 광택 도료니스를 바르고 걸레 세 장으로 도료를 닦아 낸 다음 그 걸레를 한꺼번에 쓰레기 봉투에 버리고 밀봉했는데, 약 4시간 후에 가족이 외출하고 없을 때 쓰레기 봉투에서 불이 난 것이다. 도료에 포함되어 있던 식물성 기름이 원인이었다.

식물성 기름을 함유한 도료, 아로마 오일을 닦은 수건 등이 열을 내서 화재가 발생하는 사례가 다수 보고되고 있다. 유화용 화용액(물감의 농도를 조절하거나 작품을 보호하기 위해 사용하는 끈적한 상태의 물질 – 옮긴이)이 스며든 수건 등이 자연 발화한 사례도 있었다.

주방을 청소하며 식물성 기름을 닦았던 행주 여러 장을 세탁한 뒤 건조기에 돌렸다. 건조 중에는 아무런 이상이 없었지만, 건조가 끝난 뒤 한동안 꺼내지 않고 방치했더니 건조기 안에서 불이 났다. 건조기가 돌아가고 있을 때는 회전하면서 열이 발산되기 때문에 화재가 일어나지 않았던 것인데, 건조기가 정지하자 고온의 열이 축적되면서 불이 났던 것이다. 이처럼 건조기가 정지한 뒤에 화재가 발생하는 일이 잦은 모양이다. 이런 사례 때문인지 건조기 제조사에서는 기름과 같은 인화성 물질이 스며든 천을 건조기에 넣지 말라는 경고문을 표시한다.

근처에 불이라고는 전혀 없는 곳에서 몇 시간 뒤에 화재가 발생한다는 것은 일반적으로 생각하기 어려운 일이다. 과학 분야 작가인 이케다 게이이치는《실패의 과학:세상을 깜짝 놀라게 한 그 사고의

'실패'에서 교훈을 얻는다》라는 책에서 기름의 산화로 열이 발생해 자연 발화할 수 있다는 사실이 일반인들에게 거의 알려지지 않았다 며 걱정했다. 또한 기름 제조사나 업계 등 단체가 정보 제공에 소극 적이라는 데도 우려를 나타냈다.

그는 책에서 "자연 발화에 따른 화재의 원인을 특정하기는 어렵 다. 산화에 따른 화재는 청소가 끝나고 몇 시간 혹은 며칠이 지난 뒤 에 발생한다. 그래서 기름을 닦은 종이나 천을 다른 데로 옮긴 뒤에 불이 나기도 한다. 그런데도 화재의 원인을 소비자 측의 부주의로 결론 내린 사례가 많다"라고 말했다.

## 연소의 세 가지 조건과 자연 발화

물질이 연소하려면 먼저 불에 타는 물질과 산소가 필요한데, 불에 타는 물질과 산소만 있다고 연소가 시작되는 것은 아니다. 일정 이 상의 온도가 되어야 연소가 시작된다. 처음에 그 일정 이상의 온도 가 되면 그 뒤에는 연소를 통해서 생기는 열로 고온이 유지되므로 연소가 계속된다. 작은 성냥불이나 불꽃으로 불이 붙는 것은 일정 이상의 온도로 만들어 주기 때문이다. 물질에 불이 붙는 최저 온도, 즉 발화 온도(발화점)가 되면 물질은 알아서 불타기 시작한다.

물질이 연소하는 조건은 다음 세 가지로 정리할 수 있다.

① 불에 타는 물질(가연물)

② 산소의 공급

③ 발화점 이상의 온도

일반적으로 ③의 조건은 점화원點火源이 가져온다. 불기운, 불꽃, 정전기, 마찰열 등이다. 화재의 3대 원인은 방화, 담배, 가스레인지 같은 조리용 화로인데, 방화는 범인의 라이터나 성냥불이 점화원이 되고 담배나 화로는 이미 붙어 있는 불이 원인이 된다. 자연 발화는 화학 반응에 따른 발열이 점화원이 된다.

가스레인지 등이 원인이 되는 화재는 튀김 요리를 하기 위해 가스레인지에서 기름을 가열하다 불을 끄지 않은 채 다른 용무를 보러 자리를 배운 사이에 기름이 불타기 시작해서 발생하는 경우가 많다. 가스레인지 등 조리용 화로를 사용할 때는 절대 자리를 비워서는 안 되며, 자리를 비워야 할 때는 먼저 불을 끄도록 하자. 또한 근처에 종이나 기름, 행주 등 불에 타기 쉬운 물건을 놓지 말아야 한다.

기름이 불타기 시작했을 때는 먼저 가스 밸브를 잠그는 것이 중요하다. 이때 화상을 입을 위험이 높으니 주의하면서 잠근다. 다음에는 물에 적신 행주나 뚜껑으로 기름이 담긴 프라이팬이나 냄비를 덮는다. 물을 끼얹어서 불을 끄려고 하면 화염이 급격히 확대되며 주위에 기름이 튀어서 큰 화상을 입을 수 있기 때문에 매우 위험하다.

◆ 여러 가지 물질의 발화점

| 물질 | 발화점(℃) |
|---|---|
| 디젤 연료유 | 225 |
| 식물성 기름 | 300~400 |
| 황린(백린) | 30 |
| 적린 | 260 |
| 유황 | 232 |
| 나프탈렌 | 526 |
| 폴리스티렌 | 282 |
| 목재 | 250~260 |
| 신문지 | 291 |
| 목탄 | 250~300 |
| 전분(옥수수) | 381 |

※ 모양이나 측정법에 따라 크게 달라진다.

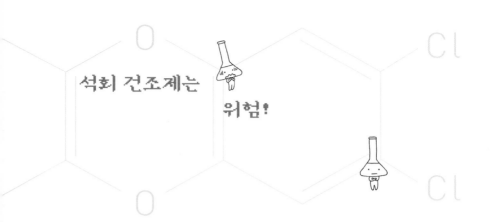

석회 건조제는 위험!

----

생석회에
물은 절대 금지

석회란 좁게는 생석회(산화 칼슘)를 의미하며, 넓게는 석회석(탄산 칼슘)이나 소석회(수산화 칼슘)를 함유한 물질의 총칭이다. 생석회에 물을 가하면 열을 내면서 소석회가 된다.

산화 칼슘(생석회) + 물 → 수산화 칼슘(소석회) + 열

수산화 칼슘은 강알칼리성의 물질이다.

과자나 김의 봉지 등에 석회 건조제가 들어 있는 경우가 있다. "먹지 마시오" "봉투를 뜯지 마시오" "물에 적시지 마시오" "아이의 손이

닿지 않는 곳에 보관하시오" 등의 주의문이 적혀 있다. 봉투를 뜯어 보면 작은 알갱이처럼 생긴 하얀 생석회가 들어 있다. 생석회가 습기를 흡수해 소석회가 되는 성질을 이용해 식품 등의 봉지 안을 건조시키는 것이다. 밀폐된 포장봉지 속에 들어 있는 물의 양은 얼마 되지 않으므로 발열량은 두드러지지 않지만, 더 많은 양의 물과 만나면 얘기가 달라진다. 즉시 증기가 피어오르고 수분이 끓기 시작하면서 물을 빨아들인 석회가 부풀어 오른다. 주위에 불타기 쉬운 물건이 있다면 불이 붙을 것이다.

그렇기 때문에 석회 건조제를 물기가 있는 음식물 쓰레기와 함께 버리거나 하면 매우 위험하다. 실제로 2008년 11월, 한 가정집에서는 전기밥솥에서 올라온 증기가 그 위에 있던 전자레인지 옆의 석회 건조제에 닿아서 건조제가 발열·발화하는 바람에 화재가 발생하는 사고가 있었다.

만약 석회 건조제 봉지에 들어 있는 분말이 입이나 눈에 들어간다면 어떻게 될까? 산화 칼슘이 입속의 수분과 반응해 수산화 칼슘이 되면서 열을 발생시키기 때문에 입속이 마치 불타는 듯이 뜨거워지고, 고온인 데다 강알칼리성이기 때문에 입 안이나 목구멍이 문드러지며 피가 날 것이다. 만약 아이가 소량이라도 석회 건조제를 먹었다면 입속을 잘 씻고 가글을 시킨 다음 우유나 달걀 흰자물(달걀 1개의 흰자를 1컵 분량의 물에 탄 것)을 마시게 하고 즉시 병원에 데려가야 한다. 억지로 토하게 해서는 안 된다. 혀로 핥은 정도라면 응급처치를 한 뒤에 상태를 살핀다. 입속이 문드러졌거나 아파한다면 병원에 데려가서 진료를 받아야 한다.

눈에 들어가면 눈의 각막에 있는 수분과 반응해 같은 현상이 일어난다. 최악의 경우 실명할 수도 있다. 그럴 경우에는 15분 이상 흐르는 물로 씻어 낸 다음 병원에 가서 의사에게 진료를 받는다.

실제로 유아가 석회 건조제를 핥았다가 침과 반응한 건조제가 고열을 내서 화상을 입는 사고가 자주 발생했던 시기가 있었다. 이런 위험성 때문에 석회 건조제를 금지한 국가도 있다.

### 생석회 화재는
### 대표적인 발열 반응

생석회는 농업이나 건설업에서 특히 토양 개량재로 많은 양이 사용되고 있다. 그런 곳에서는 20kg짜리 포대를 수십 개씩 쌓아 놓고 사용하는데, 이런 대량의 생석회가 어떤 원인으로 물과 접촉하면 석회 건조제에 물이 닿았을 때와는 비교도 되지 않는 엄청난 발열 반응이 일어난다. 만약 주위에 가연성 물질이 있다면 거의 확실하게 화재가 발생한다.

실제로 생석회가 원인이 된 화재가 종종 일어나고 있는데, 소방대원들은 생석회가 원인인 화재라고 판단하면 절대 물을 뿌리지 않는다. 물을 뿌렸다가는 더 격렬한 발열 반응을 일으키기 때문이다. 이 경우에는 건조한 모래를 뿌려서 불을 끈다.

여담이지만, 이 생석회와 물의 반응을 이용한 것이 끈을 잡아당기면 따뜻하게 데워지는 발열 도시락이다. 역에서 파는 도시락은 기차 여행의 즐거움 중 하나지만, 보통은 식은 상태에서 먹게 된다. 그런데 개중에는 끈을 잡아당기면 갑자기 수증기가 올라오고 몇 분 후에 갓 조리한 것처럼 음식이 따끈따끈해지는 도시락도 있다. 그런 도시락 하단에는 끈을 잡아당기면 찢어지도록 만든 물주머니와 함께 생석회가 들어 있다. 그래서 끈을 잡아당기면 물과 생석회가 섞여 소석회가 되는 반응이 일어나고, 이때 열이 발생해 음식을 데우는 원리다.

## 쉽게 구할 수 있는 재료로
## 흡열 반응을 실감해 보자

우리 주변에는 수많은 발열 반응이 존재한다. 물체의 연소는 말할 것도 없고, 일회용 손난로도 발열 반응을 이용한 것이다. 이처럼 가정에서도 손쉽게 해볼 수 있는 흡열 반응 실험을 알아보자. 재료는 구연산과 베이킹 소다(탄산수소 나트륨), 그리고 물이다. 구연산과 베이킹 소다는 살균 소독이나 청소에도 자주 사용하는 재료여서 마트에 가면 손쉽게 구할 수 있다. 두 가지 모두 다루기 쉽고 안전한 약품이다.

구연산 $C_6H_8O_7$은 하나의 분자 속에 카르복시기 - COOH를 세 개 가진 3가 카르복실산이다. 물에 녹이면 약산성을 띤다. 베이킹 소다, 즉 탄산수소 나트륨 $NaHCO_3$은 물에 녹이면 약알칼리성을 띤다. 두 가지 재료의 혼합물이 물에 닿으면 어떤 반응이 일어나는지 실험을 통해 알아보자.

실험 방법은 다음과 같다.

❶ 손바닥 한가운데에 구연산과 베이킹 소다를 1티스푼 정도씩 올려 놓는다.

❷ 손바닥 위의 구연산과 베이킹 소다를 반대쪽 손가락으로 잘 섞는다.

❸ 손가락에 물을 묻혀서 ②의 혼합물에 1~2방울 정도(약 1ml) 물을 떨어뜨린다.

❹ 거품이 난다면 반응이 일어나고 있는 것이다. 반응 장소인 손바닥 가운데가 차가워지는 것을 실감할 수 있다. 손바닥이 차가워짐에 도 아이들은 자신도 모르게 "앗 뜨거!"라고 소리치기도 한다.

❺ 반응이 끝난 뒤에는 손을 잘 씻는다.

## 발열 반응과 흡열 반응

가정에서는 일반적으로 가스를 태워서 물을 끓이거나 요리를 만든

다. 가스의 성분은 프로판 가스냐 도시 가스냐에 따라 차이가 있지만, 프로판(프로페인)이나 메테인 같은 탄소와 수소로 구성된 탄화수소라는 물질이다. 이런 가스를 태우면 탄화 수소 속의 탄소는 이산화 탄소가 되고 수소는 물이 된다. 연소라는 화학 변화가 일어나며, 이때 나오는 열을 이용하는 것이다. 이처럼 열이 나오는 화학 반응을 발열 반응이라고 한다.

그리고 주위의 열을 흡수하는 흡열 반응이라는 변화도 있다. 발열 반응이 일어나면 온도가 높아지고, 흡열 반응이 일어나면 온도가 낮아진다. 우리 주변의 화학 변화 중에는 발열 반응이 압도적으로 많다. 여러 가지 물질의 연소는 물론이고, 녹이 스는 등의 느린 산화 반응의 경우에도 열이 발생해 온도가 상승한다.

　기본적으로 화학 변화의 세계에서는 흩어져 있던 것이 뭉치면 뜨거워지고, 뭉쳐 있던 것이 떨어지면 차가워진다. 원자·분자·이온이라는 물질을 구성하고 있는 매우 작은 입자가 흩어질 때는 온도가 내려간다. 서로 잡아당기고 있었던 것을 억지로 떼어 놓으려면 에너지가 필요한데, 그 에너지를 다른 데서 얻을 수 없기 때문에 자신의 온도를 낮춤으로써 충당하는 것이다. 반대로 흩어져 있던 것이 결합할 때는 온도가 오른다.

　구연산과 베이킹 소다는 양쪽 모두 물에 녹을 때 다음과 같은 반응이 일어난다.

구연산 + 탄산수소 나트륨 → 구연산삼 나트륨 + 물 + 이산화 탄소

　이 경우에는 산에서 나오는 수소 이온$H^+$이 알칼리로 작용하는 탄산수소 이온$HCO_3^-$과 결합하는 중화 과정이 일어나며 이때 열이 발생한다. 그리고 만들어진 탄산$H_2CO_3$에서 이산화 탄소가 발생해 결합이 떨어짐으로써 열을 흡수한다. 이 반응을 전체적으로 보면 흡열이 발열을 웃돌기 때문에 차가워지는 것이다.

　물질을 물에 녹일 때도 열을 발생시키는 경우와 열을 흡수하는 경우가 있다. 고체가 물에 녹을 때는 고체를 구성하고 있는 입자가 흩어진다. 그래서 물질을 물에 녹이면 기본적으로 온도가 내려간다.

가령 질산 암모늄이라는 물질을 물에 녹이면 순식간에 0℃ 이하로 내려가 버린다. 두들기면 차가워지는 주머니(냉각 팩)에는 질산 암모늄 등과 물이 따로따로 들어 있다.

수산화 나트륨을 물에 녹이면 반대로 따뜻해진다. 온도가 오른다는 말은 흩어지는 것 이상으로 물속에서 새로운 결합이 일어났다는 뜻이다. 수산화 나트륨은 물에 녹으면 나트륨 이온과 염화 이온으로 분리되지만, 분리된 이온에 새로 물 분자가 달라붙는(수화되는) 것이다.

화학 변화가 일어났을 때나 물질이 물에 녹았을 때 발열 반응이 일어나느냐 흡열 반응이 일어나느냐는 새로운 결합이 생기는 경향과 분리되는 경향의 균형에 따라 결정된다.

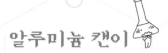

# 알루미늄 캔이 세제와 화학 반응을 일으키면?

———
지하철 안에서 일어난
알루미늄 캔 파열 사고

2012년, 다음과 같은 뉴스가 보도되었다.

10월 20일 새벽, 도쿄도 분쿄구에 위치한 도쿄 메트로 마루노우치선 혼코산초메역의 플랫폼에 정차 중이던 지하철에서 세제가 들어 있는 알루미늄 캔이 파열해 승객 16명이 다치는 사고가 일어났다.

경시청의 조사에 따르면, 알루미늄 캔이 세제와 화학 반응을 일으켜 수소가 발생하면서 파열되었을 가능성이 높다고 했다. 경시청은 고의로 알루미늄 캔을 파열시켰을 가능성은 낮다고 보고 있으며, 알루미늄 캔을 가지고 있던 여성에게 이야기를 듣는 등 사고 원인을 조사하고 있다.

간이 감정 결과, 알루미늄 캔에 들어 있었던 것은 강한 알칼리성 세제로 판명되었다. 경시청은 세제의 성분과 알루미늄 캔이 화학 반응을 일으켜서 발생한 수소가 알루미늄 캔 속에 가득 참에 따라 파열했을 가능성이 있다고 보고 있다.

알루미늄 캔의 원료인 알루미늄은 철 다음으로 많이 사용되고 있는 금속이다. 일상생활에서 가장 많이 사용되고 있는 금속은 전체 금속의 90% 이상을 차지하는 철이며, 그다음이 알루미늄이다. 세계의 연간 소비량(미국 광산국의 2017년 데이터를 바탕으로 작성)을 보면, 철이 1.4Gt(1기가톤=10억t)인 데 비해 알루미늄은 262Mt(1메가톤=100만t)이었다. 참고로 구리는 19.4Mt이었다.

알루미늄은 가볍고 가공하기 쉬운 데다 잘 부식하지 않는 내식성도 있는 까닭에 자동차 몸체나 건축물의 일부, 캔, 컴퓨터와 가전제품의 케이스 등 다양한 용도로 사용되고 있다. 알루미늄이 내식성을 가지는 이유는 공기 속에서 표면이 산화되어 생긴 산화 알루미늄이라는 치밀한 막이 내부를 보호하기 때문이다. 또한 냄비·프라이팬 등의 조리도구 재료나 알루미늄 새시 등의 건축 재료의 경우에는 알루마이트 가공을 통해 산화된 피막을 인공적으로 두껍게 만들어 내식성을 더욱 높이기도 한다.

우리 주변에서 흔히 볼 수 있는 알루미늄 캔에 세제를 담아 놓으면 파열한다니, 대체 알루미늄 캔 속에서 무슨 일이 일어나는 것일까?

## 알루미늄은 산에도
## 알칼리에도 반응한다

고등학교 화학을 공부한 사람이라면 '양성 원소'라는 말을 기억하고 있을지도 모르겠다. 양성 원소는 간단히 말하면 산에도 알칼리에도 반응해 수소를 발생하는 금속으로, 알루미늄은 대표적인 양성 원소다. 다른 양성 원소로는 아연, 주석, 납 등이 있다.

　금속은 산과 반응해 녹으면서 수소 가스를 발생시킨다. 알루미늄은 염산과 반응해 다음과 같은 반응을 일으킨다.

　알루미늄 + 염산 → 염화 알루미늄 + 수소

　또한 금속 중에는 알칼리와 반응해 녹으면서 수소 가스를 발생시키는 것도 있다. 알루미늄은 수산화 나트륨 수용액과 반응해 다음과 같은 반응을 일으킨다.

　알루미늄 + 수산화 나트륨 + 물 → 알루민산 나트륨 + 수소

　알루미늄 프라이팬에 수산화 나트륨 수용액을 담고 상태를 지켜본 적이 있다. 처음에는 거품도 조금밖에 안 나오고 반응이 약했지만, 어느 정도 시간이 지나자 수소 거품이 심하게 올라오기 시작했다. 이런 반응은 알루미늄에 염산을 닿게 했을 때도 볼 수 있다.

알루미늄 캔 파열 사고의 경우에는 알루미늄 캔에 계면 활성제와 수산화 나트륨 같은 알칼리제가 들어간 알칼리성 세제를 넣어 놓았기 때문에 일어났을 것이다. 알칼리성 세제는 환풍기나 가스레인지, 그릴에 달라붙은 심한 기름 얼룩도 깨끗하게 닦아 주기 때문에 흔히 사용된다.

알루미늄 캔의 내부는 에폭시 수지로 코팅되어 있다. 그러나 알루미늄이 알칼리성 세제와 접촉하는 부분이 약간이라도 있으면 시간이 지나면서 조금씩 반응이 시작된다. 처음에는 뚜껑이 덮인 알루미늄 캔의 내부에서 천천히 반응이 진행되고 수소도 적게 발생해 알루미늄 캔이 수소의 압력을 견뎌 낼 수 있었다. 그런데 지하철 안에서 흔들리거나 부딪혀 반응이 격렬해짐에 따라 수소의 압력을 견딜 수 없게 되자 캔이 파열되면서 알루미늄 파편과 강알칼리성인 수산화 나트륨 수용액 액체가 사방팔방으로 날아갔다. 그 결과 승객 16명이 다쳤다.

이런 사고에서 가장 위험하고 무서운 일은 수산화 나트륨 수용액이나 알루미늄 파편이 눈에 들어가는 것이다. 수산화 나트륨 수용액은 각막의 단백질을 녹이기 때문이다.

만약 알루미늄 캔이 아니라 철이 원료인 스틸 캔이었다면 반응은 일어나지 않았을 것이다.

## '전기 통조림'이라고도
## 불리는 알루미늄

알루미늄의 원료는 보크사이트라는 적갈색의 광석으로, 알루미나로도 불리는 산화 알루미늄$Al_2O_3$을 52~57% 함유하고 있다. 분쇄한 보크사이트에 진한 수산화 나트륨 수용액 등을 섞어서 가압·가열하면 보크사이트 안에 있는 산화 알루미늄이 수용액 속에 알루민산 나트륨이 되어서 녹아 나온다. 여기에서 녹지 않는 불순물을 제거한 다음 휘저어서 섞고 냉각시키면 수산화 알루미늄의 결정이 분리되어 나온다(석출). 그리고 수산화 알루미늄의 결정을 추출해 1,000℃ 전후 온도로 불에 구우면(소성) 순백의 알루미나가 만들어진다.

그런데 문제는 알루미나의 알루미늄 원자와 산소 원자가 매우 강하게 결합되어 있어서 산소를 제거하고 알루미늄을 얻기가 어렵다는 데 있다. 강력한 환원제인 나트륨이나 칼륨(포타슘)을 사용해야 하는데, 그러면 비용이 커진다. 그렇게 해서 얻은 알루미늄은 금보다도 비싼 금속이었다.

그래서 학자들은 궁리 끝에 알루미나를 고열로 녹여(용융) 전기분해하는 방법을 생각해 냈다. 다만 기술적으로 알루미나의 녹는점인 약 2,000℃까지 온도를 높이기가 기술적으로 어려웠기 때문에 알루미나에 섞어서 녹는점을 낮출 물질을 찾기 시작했고, 그렇게 해서 찾아낸 물질이 바로 빙정석이다. 빙정석$Na_3AlF_6$은 플루오린·나트륨·알루미늄으로 이루어진 할로겐 광물로, 그린란드에서 채취할 수 있는 유백색 덩어리다. 이것을 섞자 녹는점이 약 1,000℃까지 낮아져서 알루미나의 전기 분해가 쉬워졌다.

1886년에 발명된 이래 현재까지도 이 방법이 알루미늄 제련 공정으로 전 세계에서 사용되고 있다. 이것을 두 발명자의 이름을 따서 홀-에루 공정이라고 부른다. 모두가 '알루미나의 녹는점보다 훨씬 낮은 온도에서 알루미나를 녹일 수 있는 방법'을 탐색하고 있던 때, 미국의 화학자 찰스 마틴 홀Charles Martin Hall, 1863~1914과 프랑스의 화학자 폴 에루Paul Héroult, 1863~1914는 같은 시기에 빙정석에 주목했다. 빙정석을 녹인 다음 알루미나를 첨가하면 약 10% 정도를 녹일 수 있었다. 그런 다음 전기 분해를 통해 알루미늄을 얻을 수 있었다. 두 사람은 공교롭게도 완전히 독립적으로 같은 방법을 찾아낸 것이다.

순수한 알루미나에 빙정석을 섞고 가열해서 액체로 만든다. 그 용융염에 탄소 전극을 꽂고 전기 분해하면 음극에서 알루미늄이 석출된다. 녹은 알루미늄은 전해로의 바닥에 쌓인다. 이 녹은 알루미늄을 추출해 보온로로 옮겨서 필요한 성분과 순도를 조정하고 용도에 맞춰 주괴 등으로 만든다. 주괴는 스크럽에서 발생한 2차 지금地金(세공하지 않은 적당한 크기의 덩어리 금속)과 구별해 신지금新地金으로 불린다.

홀-에루 공정은 다량의 전기가 필요하기 때문에 알루미늄을 '전기 덩어리'라든가 '전기 통조림'이라고 부르기도 한다. 다만 일단 금속 알루미늄이 된 것을 재활용하면 보크사이트에서 알루미늄을 제조하는 에너지를 소비하지 않아도 되는 까닭에 알루미늄의 재활용이 활발히 진행되고 있다.

흥미롭게도 홀과 에루는 같은 해에 태어나 같은 해에 같은 발견을 하고 같은 해에 세상을 떠났다. 1886년에 먼저 홀이, 그리고 2개월 뒤에 에루가 이 방법을 발견했다. 게다가 당시 두 사람은 모두 21세의 청년이었다. 홀과 에루는 각각 자신의 나라에서 특허를 취득했다. 그리고 두 사람 모두 50세에 세상을 떠났다.

## 알루미늄을 멀리하면
## 알츠하이머병에 걸리지 않는다?

"알루미늄 냄비를 사용해도 괜찮은가요?" 이런 걱정 어린 질문을 받을 때가 가끔 있다. 이것은 언론에서 '알루미늄이 알츠하이머병의 원인'이라는 이야기를 자주 내보냈기 때문이다. 고지마 마사미의 《알츠하이머병에 대한 오해—건강에 관한 리스크 정보를 읽는 법》을 참고로 알루미늄이 알츠하이머병의 원인이라는 설을 살펴보도록 하자.

알루미늄은 식기나 주방 용품에서부터 건축 자재에 이르기까지 우리의 일상생활에서 폭넓게 사용되고 있는데, 1976년에 알루미늄의 신경 독성이 널리 알려지는 사건이 일어났다. 첫 번째 사건은 1972년 신장병 환자가 투석 치료 중에 치매 증상을 일으킨 것이다.

이것을 '투석 치매'라고 불렀는데, 투석액에 들어 있던 알루미늄이 뇌에 축적되어서 치매 증상을 일으킨 것으로 추측되었다. 그래서 투석에 사용한 물이나 약제 속에 들어 있던 다량의 알루미늄을 제거하자 투석 치매는 사라졌다. 이에 연구자들은 알츠하이머병(치매의 일종)의 주요 원인도 알루미늄이 아닐까 의심하게 되었다.

그러나 알루미늄 뇌증(투석 치매) 환자의 뇌세포와 신경 세포 등을 병리 조직학적으로 조사해 보니 알츠하이머병 환자와 전혀 다른 사실이 밝혀졌다. 병변(병으로 인한 생체의 변화)이 서로 달랐던 것이다. 알루미늄 뇌증 환자의 뇌에서는 알츠하이머병의 근원적인 원인으로 불리는 아밀로이드 베타(Aβ) 단백질의 침착이 발견되지 않았다. 게다가 비틀리거나 엉키는 모양으로 나타나는 신경원섬유의 변화도 일어나지 않았다. 이런 변화는 뉴런 내 물질 운반을 담당하는 타우 단백질의 인산화로 발생한다.

투석 환자는 금속을 배출·여과하는 신장 기능이 악화되어 있는 탓에 건강한 사람에 비해 뇌에 알루미늄이 들어가기 쉽다. 알루미늄 이온이 신경 세포에 대해 독성을 가지고 있는 것은 사실이지만, 알츠하이머병과는 다른 증상이 나타나는 것이다.

두 번째로는 1989년에 보고된 알츠하이머병 환자의 수와 수돗물에 들어 있는 알루미늄 비율의 상관관계가 높다는 역학 조사 결과였다. 그 결과에 따르면, 수돗물에 들어 있는 알루미늄의 농도가 0.11ppm 이상인 지역에서는 농도가 그 이하인 지역에 비해 알츠하

|  | 알츠하이머병 | 알루미늄 뇌증(투석 치매) |
|---|---|---|
| 혈액 속 알루미늄 | 증가 없음 | 증가 |
| 뇌척수 속 알루미늄 | 증가 없음 | 증가 |
| 모발 속 알루미늄 | 증가 없음 | 증가 |
| 뇌 속 알루미늄 | 증가 없음(연령 상응) | 보통은 고도로 증가 |
| 신경원섬유 변화 | 비틀린 가는 관 | 없음 |
| 치매 증상 | 고도 | 중도~중고도 |
| 경련 | 거의 없음 | 항상 있음 |

이머병의 발병률이 약 1.5배 높게 나타났다.

수돗물을 공급하는 정수장에서는 물을 정화하는 수처리水處理를 위해 폴리염화 알루미늄이나 황산 알루미늄을 응집제로 사용한다. 3가인 알루미늄 이온은 마이너스 전하를 띠는 점토 콜로이드 입자를 달라붙게 해 침전시키는 응석凝析 능력이 뛰어나기 때문이다. 응집제의 대부분은 오염 물질과 함께 여과 과정에서 제거되지만, 극미량이 물에 남는다.

이것이 알루미늄의 신경 독성과 맞물려서 알츠하이머병의 원인이 알루미늄이 아닐까 주장하는 연구자가 나타나게 된 배경이었다. 그런데 이 역학 조사 결과는 그 후 통계 해석이 불충분했음이 밝혀졌다. 현재는 음용수를 문제 삼는 연구자가 거의 없다.

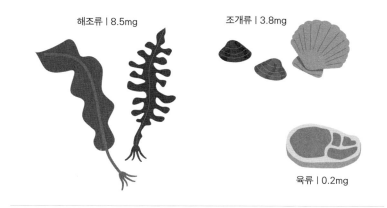

◆ 식품 속에 들어 있는 알루미늄의 양(100g당) ◆

해조류 | 8.5mg

조개류 | 3.8mg

육류 | 0.2mg

　나는 이 역학 조사 결과를 알았을 때 알루미늄 이온을 매일 다량 섭취하고 있는 사람들이 떠올랐다. 바로 소화성 궤양 치료약·위장약 등 알루미늄 약제를 먹고 있는 사람들이다. 이미 그런 사람이 많으므로 역학 조사 결과가 옳다면 그들 사이에서 알츠하이머병이 다수 발병했어야 하지 않는가. 역학 조사 결과가 옳음에도 알츠하이머병 환자가 거의 발견되지 않았다면 수돗물 속의 알루미늄은 화학 형태가 특별하다는 의미이므로 그것부터 먼저 밝혀내야 한다고 생각했다.

　게다가 알루미늄 냄비나 알루미늄 캔에서 녹아 나오는 일반적인 알루미늄 이온은 걱정할 필요가 없으리라 생각했다. 알루미늄 관련 업종에서 일하는 사람들처럼 일상적으로 알루미늄을 접하고 있으며 다른 사람들에 비해 섭취량이 많은 사람이 알츠하이머병에 많이 걸린다는 이야기도 들어본 적이 없기 때문이다.

알루미늄은 지구에서 산소와 규소에 이어 세 번째로 많은 원소다 (약 8%). 금속 원소 중에서는 가장 많다. 자연계의 광물, 토양, 물, 식물, 동물 등에 다양한 알루미늄 화합물의 형태로 들어 있다. 그리고 당연한 말이지만 우리는 음식물이나 물 등을 통해서 매일 알루미늄을 섭취하고 있다.

우리는 하루에 20~40mg의 알루미늄 이온을 식품에서 섭취하며, 알루미늄 제품에서 섭취하는 양은 하루에 많아야 수 밀리그램 정도다. 식품에서 흡수하는 알루미늄 이온의 양이 훨씬 더 많으며 알루미늄 제품(알루미늄 냄비 등)에서 녹아 나와 섭취하게 되는 알루미늄 이온의 양은 그 오차 범위에 들어가는 수준이다. 앞에서 소개한 역학 조사의 결과가 옳다고 해도 식품에서 섭취하는 알루미늄의 양을 생각하면 알루미늄 제품에서 섭취하는 양은 문제되지 않는 수준이라고 할 수 있다.

# 폐유를 사용해서 만든 수제 비누, 과연 안전할까?

---

## 비누를
## 만드는 방법

비누를 만드는 방법에는 감화법과 중화법이 있다. 비누의 원료는 유지油脂와 수산화 나트륨이다. 대량 생산을 할 때는 유지로 우지(쇠기름), 야자유, 팜유 등을 사용한다.

유지는 화학적으로는 고급 지방산인 에스테르다. 고급 지방산의 '고급'은 '품질이 우수하다'는 의미가 아니라 '지방산의 탄소 수가 많다'는 뜻이다. 에스테르는 카르복시기 -COOH를 가진 산과 히드록시기 -OH를 가진 알코올에서 물 분자가 빠져나가 생긴 물질이다.

먼저 감화법부터 살펴보자. 유지와 수산화 나트륨 수용액을 장시간 가열해 충분히 반응시키면 비누와 글리세린이 만들어진다. 이 반응을 감화(비누화)라고 한다.

유지 + 수산화 나트륨 → 지방산 나트륨(비누) + 글리세린

반응을 통해서 생긴 비누는 뜨거울 동안에는 부산물인 글리세린과 함께 물에 녹아 진한 콜로이드 용액 상태인데, 여기에 진한 염화나트륨 수용액을 첨가하고 그대로 놔두면 비누가 위로 떠오른다. 이렇게 어떤 물질의 용액에 소금 성분 등을 넣어서 그 용액에 녹아 있는 물질을 분리해내는 것을 염석<sup>鹽析</sup>이라고 한다. 두부를 만드는 데도 이 방법을 쓴다. 그런 다음 상층에 떠오른 비누를 압축해 고체로 만든다.

중화법은 미리 유지를 지방산과 글리세린으로 분해한 다음 유지에서 추출한 지방산을 수산화 나트륨 수용액으로 중화하는 방법이다. 네 시간이면 만들 수 있어서 대량 생산에 적합하다. 대기업에서는 대부분 중화법으로 비누를 만든다.

(유지에서 추출한)지방산 + 수산화 나트륨 → 지방산 나트륨(비누) + 물

참고로, 비누도 합성 세제도 합성 화학 물질이다. 비누의 원료인 유지는 천연 물질이라고 할 수 있지만 수산화 나트륨은 천연 물질이 아니다. 과거에는 탄산 나트륨에 석회유(수산화 칼슘)를 반응시켜서

만들었지만, 현재는 전부 염화 나트륨 수용액의 전기 분해를 통해서 수산화 나트륨을 만든다.

## 수제 비누의
## 문제점

가정에서 나오는 폐유를 효과적으로 재활용하기 위해 비누로 만드는 활동이 일부에서 펼쳐지고 있다. 물론 환경을 보호하자는 취지는 이해하지만, 나는 이 활동을 그다지 권장하지 않는다. 가정에서 비누를 직접 만드는 것은 매우 위험하고 그렇게 만든 비누는 대부분 품질이 그리 좋지 못하며 들이는 수고에 비해 사용하는 데 문제점이 많기 때문이다.

수제 비누의 문제점 중 하나는 독성이 강한 물질인 수산화 나트륨을 사용하는 것이다. 수산화 나트륨은 가성소다라고 불리는데, 가성<sup>苛性</sup>은 '동식물의 세포 조직 등 여러 가지 물질을 깎아 내거나 삭게 하는 성질'이라는 뜻이다. "공짜라면 양잿물도 마신다"라는 속담에 나오는 양잿물이 바로 수산화 나트륨을 가리키는 말이라고 하면 좀 더 이해가 쉬울지도 모르겠다.

일본의 경우 수산화 나트륨은 '독극물 취급법'이나 '의약품과 의료기기 등에 관한 법률(약기법)'에서 '극물<sup>劇物</sup>'로 지정되어 있는 약품이다. 약국에서도 쉽게 구입할 수 없으며 구입하려면 관련 서류와 인

감도장이 필요하다(한국의 경우 유독물 시약판매 허가증이 있는 판매처에서 본인인증 및 사업자등록증이나 주민등록증을 제시해야 살 수 있다 - 옮긴이).

수산화 나트륨이 '피부에 닿거나' '눈에 들어가거나' 또는 그것의 '증기를 들이마시는' 등 몸에 직접 접촉할 경우 매우 위험하다. 극소량이라도 눈에 들어가면 실명할 우려가 있다. 게다가 수제 비누에서 사용하는 수산화 나트륨 수용액은 농도가 약 30%로, 초중학교 과학 실험 시간에 사용하는 것에 비해 매우 농도가 높다. 그래서 수제 비누를 만들 때는 사고 예방 대책으로 장갑과 고글, 마스크 같은 기초적인 장비를 반드시 갖춰야 한다.

수산화 나트륨은 물에 녹으면 열을 낸다. 물에 녹일 때는 수산화 나트륨을 소량씩 넣고 섞기를 반복해야 한다. 수산화 나트륨에 물을 붓는 것은 위험하다. 또한 수산화 나트륨 수용액이나 이것이 들어 있는 혼합물이 튀어서 피부나 점막에 닿아도 위험하다. 물에 녹일 때, 폐유와 수산화 나트륨 수용액의 혼합물을 가열해서 반응시킬 때는 주의가 필요하다. 또한 익숙해질수록 더욱 조심해야 한다. 수제 비누를 처음 만들 때는 최대한 조심하지만 익숙해지면 오히려 부주의하게 되어 사고가 일어나는 경우가 많다.

수제 비누의 또 다른 문제점은 기껏 만들어도 품질이 나쁜 경우가 많다는 것이다. 색은 갈색이고 폐유 특유의 냄새가 난다. 설거지용으로는 쓸 수 있지만 세탁비누로 쓰면 옷에 그 냄새가 남는다. 애

초에 폐유는 시판 비누에 사용되는 쇠기름이나 야자기름에 비해 산화가 잘 일어난다. 게다가 고온으로 가열해 요리에 사용했기 때문에 품질이 나빠진 상태다. 이런 폐유와 수산화 나트륨을 반응시킬 때, 수산화 나트륨이 너무 많으면 비누 속에 남아서 피부를 손상시키고 반대로 너무 적으면 반응하지 않은 폐유가 남아 있어서 비누의 성능이 떨어진다.

폐유에 들어 있는 유지 성분이 일정하지 않으므로 정확히 하려면 폐유에 조금 많다 싶을 정도의 수산화 나트륨을 첨가해 반응시킨 다음 산을 이용한 중화 적정으로 폐유와 수산화 나트륨의 적정한 반응 비율을 찾아내야 한다. 사용하는 기름의 성분이 정해져 있다면 수산화 나트륨의 양을 계산할 수 있다. 적어도 수소 이온 농도pH는 측정해야 한다.

일반적으로 폐유를 사용해서 만든 수제 비누는 수산화 나트륨의 양이 과도한 경우가 많은 모양이다. 그런 비누는 세안용으로 사용할 수 없으며, 설거지용으로 사용할 때도 반드시 고무장갑을 착용해야 한다. 수산화 나트륨 과잉인지 아닌지는 pH를 측정하면 대략적으로 알 수 있다. pH가 9~11 정도(11 이하)라면 괜찮다. 1개월 정도 묵혀서 pH가 9 정도 된다면 더욱 안심할 수 있다.

수산화 나트륨 과잉이나 폐유 냄새에 대한 대책은 그 후에 염석 과정을 거치는 것이다. 비누를 분리해 내는 것이므로 냄새의 원인 물질도 줄어든다. 그러나 이렇게까지 하면 수제 비누를 만드는 데 수산화 나트륨과 소금의 구입비가 들어가므로 가성비가 나빠질 것이다. 또한 이렇게 해서 만들어진 순비누는 탄산 나트륨 첨가 비누보다 세정력이 크게 떨어지기 때문에 환경 부담도 커진다.

가정에서는 식용유를 사용할 때 폐유가 나오지 않도록 궁리할 필요가 있다. 가령 튀김을 만들 때는 프라이팬에 기름을 조금만 넣어서 튀기고 남은 기름은 볶음 등에 사용한다면 거의 폐유를 만들지 않을 수 있을 것이다. 또한 폐유로 수제 비누를 만들기 위해 일부러 폐유를 남긴다면 그것은 환경 보호의 측면에서도 본말이 전도된 행동이다.

## 강알칼리를 넣지 않고 수제 비누 만들기

페니키아인은 알칼리제로 초목회(풀과 나무를 태운 재, 주로 탄산 칼륨)를 사용한 비누를 만들었는데, 그 후에도 수산화 나트륨이 만들어지기까지 오랜 기간 비누 제조에 초목회나 해조회(갈조류를 구워 만든 재, 주로 탄산 나트륨)가 사용되었다. 그렇다면 수제 비누를 만들 때 수산화 나트륨보다 훨씬 알칼리성이 약한 탄산 나트륨 등을 사용해도 되지 않을까 하는 생각도 들지만, 감화에는 역시 강알칼리가 적합한 까닭에 탄산 나트륨 등을 사용하는 방법이 확산되지 못하는 듯하다.

친구인 스기하라 가즈오(전 교토시 청소년과학센터 장학사)는 손쉽게 구할 수 있는 베이킹 소다(탄산수소 나트륨)에서 탄산 나트륨을 만들고 쌀겨와 반응시켜서 '쌀겨 비누'를 만들었다. 끓인 물 300ml에 베이킹 소다 5~10g을 넣으면 열분해되어 이산화 탄소가 발생하면서 탄산 나트륨 수용액이 된다. 이 탄산 나트륨 수용액을 약한 불에 가열하면서 100g 정도의 쌀겨를 천천히 넣는다. 그리고 나무 주걱 등으로 내용물을 휘저으며 바짝 졸 것 같으면 물을 조금씩 추가한다. 10분 정도 가열한 뒤 조금 식혀서 용기에 옮겨 담고, 이것을 천 주머니에 넣어 설거지 등에 사용한다. 감화, 즉 비누화가 완전하게 된 것은 아니지만, 충분히 쓸 수 있다고 한다.

나는 약알칼리성인 오쏘-규산 나트륨 분말을 사용해서 비누를 만들려고 시도해 봤다. 이 방법을 생각한 이유는 "폐유로 비누를 만드는 새로운 방법"이라는 신문 기사를 봤기 때문이다. 그것은 위험한 수산화 나트륨을 사용하지 않는 방법이었다. 게다가 시간도 그다지 오래 걸리지 않는 듯했다. 그 기사를 읽고 '기존의 방법에 비해 쉽고 안전하네? 바로 이거야!'라며 무릎을 쳤다.

나는 이 방법을 개발한 오카야마현 환경보건센터의 오기노 야스오 박사(의학)를 만나러 가서 새로운 수제 비누 만들기 방법에 대해 자세히 물어봤다. 안전성은 수산화 나트륨에 비해 훨씬 개선되었지만, 오쏘-규산 나트륨은 수산화 나트륨보다 가격이 비싼 탓에 가성비가 나쁜 것이 단점이다.

## 순비누와 탄산 나트륨 첨가 비누 중
## 어느 것이 더 좋을까?

세탁용 분말 비누에는 순비누 99%인 무첨가 비누와 일반적으로 20~40%의 탄산 나트륨이 들어 있는 비누가 있다. 탄산 나트륨을 첨가하는 이유는 비누의 세정력을 높이기 위해서다. 비누는 알칼리성에서 세정력을 발휘하지만, 중성이나 산성에서는 세정력이 거의 없다. 그리고 알칼리성 물에는 잘 녹지만 중성이나 산성 물에는 잘 녹지 않는다. 또한 비누의 지방산 이온은 물속의 칼슘 이온이나 마그네슘 이온(둘 다 2가 양이온)과 강하게 결합해 떨어지지 않게 되며 이것이 비누 때가 되는데, 알칼리성에서는 이 비누 때가 잘 생기지 않는다.

요컨대 탄산 나트륨은 물을 알칼리성으로 만들어 비누가 물에 잘 녹게 하고 세정력을 높이고 비누 때의 발생을 줄이는 역할을 하는 비누의 좋은 파트너다. 물론 순비누로도 빨래를 할 수 있지만, 탄산 나트륨을 첨가한 비누에 비해 비누를 20~30% 정도 더 많이 쓰게 된다. 또한 비누 때가 많이 생기기 때문에 의류에도 그 때가 많이 남고 누런 얼룩이나 냄새도 남기 쉽다. 환경에 대한 유기물 오염량도 많아진다. 게다가 가격도 비싸다. 세탁 면에서나 환경과 가성비 면에서나 탄산 나트륨 첨가 비누가 순비누보다 더 낫다고 할 수 있다. 다만 알칼리에 약한 울이나 실크에는 순비누를 사용하는 편이 좋다.

순비누 제품 중에는 세균에 들어 있는 물질 등을 넣고 "환경에 이

롭다"고 주장하는 경우도 있다. 내가 보기에는 헛웃음이 나오는 비정상적인 제품이다. 순비누가 아니라 '알 수 없는' 물질이 첨가된 비누라고 해야 하지 않을까?

## 비누와 합성 세제의
## 과도한 사용이 문제

비누는 종종 합성 세제와 비교된다. 일본에서는 1962년에 합성 세제의 생산량이 비누를 넘어섰다. 세탁기가 보급되면서 합성 세제의 생산량이 급격히 증가해 현재 세탁용 비누는 의류용 세정제 전체 시장의 4% 정도에 불과하다.

처음에 보급되었던 합성 세제는 경성 세제라고 부른다. 알킬기가 가지처럼 갈라져 있어서, 미생물이 분해하기 어려운 유형의 알킬벤젠설폰산염ABS이었다. 또한 보조제로 첨가되어 있던 중합인산염은 호수와 늪의 부영양화를 초래하는 원인이 되었다. 그래서 ABS를 대신할 합성 세제의 개발이 진행되었다. 그 결과 무인화無燐化를 통해 알킬기가 분기되지 않는 선형 알킬벤젠설폰산염LAS이라는 미생물에 잘 분해되는 연성 세제가 등장했고, 나아가 LAS보다도 생분해성이 좋은 합성 세제도 탄생하게 되었다. 일본의 경우, 법적으로는 1971년부터 JIS 규격(일본 산업규격)에 의해 의류용·주방용 세제의 생분해성이 최소 90% 이상이 되도록 의무화되어, 현재의 합성 세제는 이

기준에 따라 제조되고 있다. 참고로 ABS의 생분해성은 20% 이하였다. 그리고 현재도 콤팩트화되고 효소가 첨가되는 등 세제 개선이 진행되고 있다.

이제는 비누와 합성 세제 중 어느 쪽이 좋은지 생각하기보다 비누나 세제를 가급적 적게 쓰는 세정법을 궁리하거나 제조사가 좀 더 세정력이 높으면서도 안전하고 환경에 부담을 덜 주는 방향으로 세제를 개량하도록 압력을 넣는 것이 중요해졌다고 할 수 있다.

사실 정말로 우려스러운 것은 극소수의 사람이 만드는 문제 있는 폐유 수제 비누가 아니라 비누든 합성 세제든 과도하게 사용하는 사람이 많다는 사실이다. 아무래도 세제의 과도한 사용은 환경에 부담을 줄 수밖에 없기 때문이다.

2장

# 화학이 일으킨
# 무서운 사고

Cl

Cl

Cl

Cl

O

O

DDT

# 리튬 이온 전지 발화로 비행기가 추락했다!

## 노트북 컴퓨터 배터리의
## 발화 위험성

어느 날, 내가 사용하고 있는 대기업 노트북 컴퓨터의 화면에 이런 주의사항이 표시되었다. "배터리가 발화해 화재로 발전할 위험이 있습니다. 배터리팩의 무상 교환을 실시하고 있으니 배터리팩을 확인해 주시기 바랍니다." 여기에 "야간 등 인적이 드문 시간에 사고가 발생하면 화재로 발전할 위험이 있습니다. 또한 운반 중에 교통수단 내부에서 발화할 우려도 있습니다"라는 내용도 덧붙어 있었다. 검색해 보니 실제로 대상 모델에서 발화 사고가 수십 건 일어났음을 알게 되어 내 노트북이 교환 대상인지 아닌지부터 확인했다. 다행히 내 컴퓨터의 배터리는 교환 대상 모델이 아니었다.

그 후 열화한 노트북 컴퓨터의 배터리팩이 발화할 가능성이 있다면서 "배터리의 열화 상황을 판정해 발화의 위험성을 회피하는 배터리 진단·제어 프로그램을 제공합니다"라는 알림이 들어왔다. 지금 나는 그 프로그램을 설치한 노트북 컴퓨터로 이 원고를 쓰고 있다.

## 빈번히 발생하는
## 리튬 이온 전지 발화 사고

리튬 이온 전지의 단점은 고온에서 열폭주가 일어나기 쉽다는 점과 최대 용량까지 충전한 채로 놔두면 열화가 빨라진다는 점이다. 과충전의 결과 금속 리튬이 음극으로 석출되거나 양극의 코발트가 용출되어 충전과 방전이 안 될 수도 있다.

리튬 이온 전지는 과충전을 하거나 합선되거나 이상 방전 혹은 이상 충전을 하거나 지나친 열을 가하거나 열화가 진행되면 불타거나 폭발한다. 특히 2006년에 전 세계에서 휴대폰과 노트북 컴퓨터의 발화 사고가 일어남에 따라 리튬 이온 전지의 안전성 문제가 주목받게 되었다. 이 해에 델과 애플, IBM/레노보, 도시바, 소니, HP, 후지쓰가 발매한 노트북 컴퓨터에 사용되었던 리튬 이온 전지가 발화 혹은 이상 과열의 우려가 있어(발화 사고가 실제로 발생) 다수의 제품이 리콜(자발적 회수, 무상 교환) 대상이 되는 사태가 발생했기 때문이다.

발화 사고가 일어날 위험성을 고려해 몇 겹으로 안전 대책을 마련했을 텐데도 고도의 제조 기술을 보유했다고 생각되는 제조사의 제품조차 화재 사고를 일으켜 대규모 리콜을 실시할 수밖에 없었다. 물론 그런 문제가 일어날 때마다 제조사는 더욱 강력한 안전 대책을 마련해 왔기에 현재는 거의 해결된 것으로 보인다.

## 만약 비행기 화물칸에서
## 발화한다면

'만약 비행기의 화물칸에서 리튬 이온 전지가 발화한다면…….' 상상만 해도 소름 끼치는 일이다. 하지만 실제로 사고가 발생한 적이 있다. 2010년 9월 3일 두바이에서 화물기 UPS 006편이 비행 중에 발생한 기내 화재로 추락해 승무원 2명이 사망했다. 이 화물기에는 리튬 이온 전지 8만 1,000개와 리튬 이온 전지 내장 전자 제품도 실려 있었는데, 조사 결과 리튬 이온 전지가 발화원으로 판명되었다. 탑재되어 있던 소화기는 이 화재에 효과가 없었다. 발화원이 밀집해서 실려 있으면 그중 하나만 발화해도 주위의 리튬 이온 전지의 열 폭주를 초래해 큰 화재로 발전할 것이다. 그리고 주위의 플라스틱 제품이나 화학 섬유 제품 등에 불이 번질 위험이 크다.

그 후에도 리튬 이온 전지나 리튬 전지가 원인이 된 발화 사고가 발생함에 따라 이들 전지의 항공 운송에 관한 규정이 개정되어 엄격해지고, 여객기에 대해서도 국제 민간 항공 기구ICAO가 여객기를 통한 운송을 금지하고 있다. 그러나 오늘날 비즈니스에 없어서는 안 될 도구인 노트북 컴퓨터를 금지해 버리면 고객을 다른 항공사에 빼앗길 것이기에 휴대를 금지하기는 어려운 상황이다.

## 다양한 전지들의 작동 원리

전지는 크게 화학 전지와 물리 전지(태양 전지나 광전지 등)로 나눌 수 있는데, 전지 혹은 배터리라고 하면 보통은 화학 전지를 가리킨다. 화학 전지는 산화와 환원 반응을 이용해서 화학 에너지를 전기 에너지로 바꾸는 장치다. 일반적으로는 알칼리 건전지, 정확히는 알칼리 망가니즈 건전지처럼 전부 사용하면 끝인 1차 전지와 납축전지나 리튬 이온 전지처럼 충전해서 다시 사용할 수 있는 2차 전지(축전지)로 나눌 수 있다.

전지는 양극·음극·전해질(양이온과 음이온으로 이루어진 물질)로 구성되어 있다. 전지 바깥쪽의 회로에서는 음극에서 양극으로 전자가 이동한다. 음극의 물질은 전자를 방출하고 양극의 물질은 전자를 받아들여 변화한다. 통 모양의 알칼리 건전지를 보면 양극이 볼록 튀어나온 금속으로 감싸여 있는데, 실제로 양극에서 전자를 받아들이는 것은 이산화 망가니즈, 정식 명칭으로는 산화 망가니즈IV이다.

음극은 아연이라는 금속으로 아연 이온이 되어서 녹아 나올 때 전자를 방출한다.

알칼리 건전지의 양극에 있는 볼록 튀어나온 금속은 건전지의 주위를 감싸고 있으며, 그 역할은 전자를 받아들이는 물질에게 전자를 주는 것이다. 그래서 단순히 음극이나 양극이라고 말하면 실제 주역이 보이지 않게 되기 때문에 실제 주역을 '음극활물질', '양극활물질'이라고 한다. 전지의 음극활물질에서 방출된 전자는 회로를 지나 양극활물질에 받아들여지는 것이다.

## 리튬은 전자를 가장 방출하기 쉬운 금속

원소의 주기율표에서 리튬은 1족인 알칼리 금속 그룹의 일원으로, 원자 번호는 금속 원소 중에서 가장 가벼운 3번이다. 홑원소 물질인 리튬은 무른 은백색 고체다. 고등학교 화학 수업 시간에 나는 등유 속에 보관되어 있던 리튬을 꺼내서 칼로 절단해 학생들에게 그 단면의 금속 광택을 보여준 뒤 작게 잘라서 물에 집어넣었다. 물에 들어간 리튬은 수소 가스 거품을 일으키면서 녹아 수산화 리튬으로 변해 간다.

고등학교 화학 시간에는 '이온화 경향'을 배운다. 순수한 금속은 물이나 수용액과 닿으면 외부에 전자를 주고 자신은 양이온이 되려

$$Li > Ca > Na > Mg > Al > Zn > Fe > Ni >$$

$$Sn > Pb > (H_2) > Cu > Hg > Ag > Pt > Au$$

는 경향이 있다. 그 경향의 순번을 금속의 이온화 경향이라고 한다. 또한 금속을 이온화 경향이 큰 것부터 순서대로 나열한 것을 이온화 서열이라고 한다.

주요 금속의 이온화 경향은 위의 그림과 같다. 수소는 금속이 아니지만 양이온이 되기 때문에 비교를 위해 이온화 서열에 포함시켰다. 이 이온화 서열에서 더 왼쪽에 있는 원자가 양이온이 되기 쉽다, 즉 전자를 잃기(상대방에게 전자를 주기) 쉽다고 할 수 있다. 이온화 서열은 전자를 잃기 쉬운 금속 원자의 서열이기도 한 것이다.

사실 이온화 서열은 금속을 수소 전극(전위=0)에 대해 전위가 몇 볼트인지 표준 전위를 조사해 표준 전위가 작은 것부터 나열한 것이다. 리튬은 이 전위가 금속 중 최하위여서 이것을 음극에 사용하면 큰 전압을 얻을 수 있다.

# 리튬 이온 전지와
# 리튬 전지는 완전히 다르다

리튬 이온 전지와 리튬 전지를 같은 것으로 혼동하는 경우가 많은 데, 둘은 별개의 것이다. 휴대폰이나 노트북 컴퓨터의 배터리는 리튬 이온 전지로 충전 가능한 2차 전지다. 한편 리튬 전지는 한 번 쓰고 버리는 1차 전지다.

리튬 전지는 음극에 금속 리튬을 사용한다. 기존의 전지와 비교했을 때 자기 방전이 적고 수명이 길어서 장기간 보존과 장기간 사용에 적합하다. 반도체 메모리의 백업, 디지털카메라, 컴퓨터의 내부 전원 등에 동전 모양의 리튬 전지가 사용되고 있다.

금속 리튬을 사용하는 까닭에 전해액으로 유기 용매를 쓴다. 리튬은 물과 격렬하게 반응하기 때문이다. 만약 리튬 전지를 충전하려고 하면 전해액 내부에 나뭇가지 모양의 결정(덴드라이트)이 생기며, 이것이 양극까지 닿으면 음극에서 양극으로 단숨에 전자가 흘러 합선을 일으키면서 발열·파열·발화 가능성이 있다.

2차 전지의 세계에서는 납축전지, 니켈 카드뮴 전지, 니켈 수소 전지의 순서로 진보해 왔는데, 현재 리튬 이온 전지의 용도가 급격히 확대되고 있다. 리튬 이온 전지의 특징은 가벼워서 휴대성이 좋고 출력이 높으며 대용량이라는 것이다. 리튬 이온 전지의 전압은 니켈 수소 전지의 약 3배로 큰 전력을 축적할 수 있다. 또한 자연 방전도 적다. 게다가 충전한 전기를 전부 사용하지 않은 상태에서 충전을 하면 본래의 용량을 발휘하지 못하게 되는 '메모리 효과'가 발생하지 않는다. 그래서 휴대폰, 노트북 컴퓨터, 태블릿 컴퓨터 등 소형이면서 대량의 전력을 소비하는 단말기에는 거의 반드시 리튬 이온 전지가 사용되고 있다. 전기 자동차에 탑재하기 위한 연구 개발도 진행 중이다.

리튬 이온 전지의 음극활물질은 주로 탄소의 광물인 흑연(그라파이트)이고 양극활물질은 리튬의 산화물이며 전해액은 유기 용매다. 현재의 리튬 이온 전지의 원형을 확립한 사람은 일본의 화학 회사 아사히카세이의 명예 펠로인 요시노 아키라 박사다. 2019년에 리튬 이온 전지를 개발한 공로로 노벨 화학상을 받은 세 명 중 한 사람이 되었다.

리튬 이온 2차 전지의 내부는 리튬 이온을 저장하는 음극, 리튬과 반응해 전자를 주고받는 양극으로 나뉘어 있으며, 리튬 이온이 전해액을 거쳐 양극과 음극 사이를 바쁘게 오감으로써 충전과 방전이 이루어진다.

치열한 개발 경쟁 중인
## 전기 자동차용 전지 개발 경쟁

1990년대에는 니켈 카드뮴 전지가 2차 전지의 주류였다. 니켈 카드뮴 전지는 양극활물질에 옥시수산화 니켈, 음극활물질에 카드뮴, 전

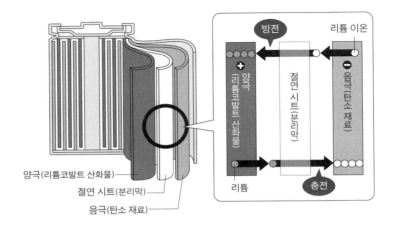

해액에 수산화 칼륨 수용액을 사용한 알칼리 축전지다.

2000년에는 니켈 수소 전지가 보급되었다. 니켈 수소 전지는 음극을 유해 물질인 카드뮴에서 수소 저장 합금+수소로 바꾼 전지다. 니켈 카드뮴 전지에 비해 전기 용량이 2배라는 특징이 있다.

그로부터 수년 후에는 리튬 이온 전지의 시대가 시작되었다. 지금도 안전성이 높고 더 가벼운 제품을 목표로 리튬 이온 전지의 연구 개발이 진행되고 있다. 음극의 흑연을 금속 리튬으로 바꾼다면 무게를 10분의 1로 줄일 수 있는 까닭에 덴드라이트로 인한 합선 위험을 억제하는 방법을 연구 중이다.

양극에 사용되는 코발트 화합물의 코발트는 희귀 금속이다. 그래서 좀 더 자원이 풍부하고 저렴한 철 화합물 등으로 교체하려는 연구도 진행 중이다.

또한 양극활물질로 산소를 사용한다면 산소는 공기 중에서 얼마든지 얻을 수 있으므로 그만큼 전지를 가볍게 만들 수 있다. 이것을 음극활물질로 금속 리튬을 사용하려는 연구와 조합하면 꿈의 리튬 이온 전지가 된다. 그때는 액체 전해질이 아니라 고체 전해질을 사용하게 될 것이다.

미래의 자동차는 전기 자동차 혹은 연료 전지 자동차가 주류가 될 확률이 높다. 전기 자동차의 경우는 가격이 저렴하고 빠르게 충전할 수 있는 전지의 개발이 성공의 열쇠이기에 현재 전 세계 자동차 회사들이 치열하게 전지 개발 경쟁을 벌이고 있다.

# 후타마타 터널 폭발 사고

---

폭발 건널목이
생긴 이야기

일본의 철도 건널목은 제1종 건널목부터 제4종 건널목까지 네 종류가 있다(한국은 제1종부터 제 세 종까지 3종류다 – 옮긴이).

제1종 건널목에는 자동 차단기가 설치되어 있거나 건널목 관리원이 배치되어 있다. 제2종 건널목에서는 일정 시간대에만 건널목 관리원이 차단기를 조작한다. 제3종 건널목에는 건널목 경보기와 경고 표지가 설치되어 있다.

제4종 건널목은 경보기도 경고 표지도 없기 때문에 열차의 접근을 보행자 자신의 눈과 귀만으로 확인해야 한다. 그래서 제4종이 네 종류의 건널목 중 사고가 가장 잦은 곳인데, 이런 건널목이 일본

전역에 2,700여 곳이나 남아 있다.

'폭발 건널목'은 규슈의 철도 노선인 히타히코산선의 히코산역과 지쿠센이와야역 사이에 있는 제4종 건널목이다. 이런 명칭이 붙은 이유는 통행할 때 건널목이 폭발할 위험이 있어서가 아니라 과거에 이 부근에서 커다란 폭발 사고가 있었기 때문이다.

폭발 건널목에서는 멀리 철로를 사이에 두고 둘로 갈라진 산을 볼 수 있다. 그곳은 후타마타 터널이 있었던 자리로, 터널은 폭발 사고가 일어나서 사라져 버렸다. 현재는 폭발 건널목에 열차가 달리지 않는다. 2017년에 발생한 규슈 북부의 호우로 큰 피해를 입는 바람에 소에다(후쿠오카현 소에다정)와 요아케(오이타현 히타시) 사이의 구간은 열차가 다니지 못하게 되었다. 2020년 7월에 JR 규슈와 주변 지방자치단체의 수장이 복구를 위한 회의를 열어 버스 고속 운송 시스템BRT으로 복구하기로 합의했다. 따라서 앞으로도 이 건널목에 열차는 달리지 않을 것이다.

## 후타마타 터널이 있던
## 산 전체가 날아가 버린 대폭발 사고

히타히코산선이 개통되기 전에 있었던 일이다. 선로 변에 있던 육군 오쿠라 병기 보급창 야마다 탄약고가 1944년 6월의 공습으로 소실되었다. 그래서 화약을 보관할 새로운 장소를 검토한 육군은 히코산역으로부터 약 500m 남쪽에 있었던 후타마타 터널(약 100m)과 요시키 터널에 주목했다. 두 터널 모두 개통은 했지만 실제로는 사용되지 않고 있었다. 육군은 같은 해 7월부터 이듬해인 1945년 2월까지 먼저 화물 열차로 히코산역에 화약을 운반한 다음 터널까지는 광석차를 이용해서 실어 날랐다.

1945년 8월 15일에 일본이 항복해 전쟁이 끝난 지 약 3개월 뒤인 11월 12일, 연합군은 먼저 요시키 터널에 보관되어 있던 화약을 소량 태워서 폭발의 위험성이 없음을 확인한 뒤 후타마타 터널의 화약 약 530t과 신관(뇌관+안전장치) 약 180kg의 소각 처분을 개시했다. 점화한 지 1시간 반 후인 16시 반경, 화약을 태우는 불꽃이 터널의 출입구에서 마치 화염 방사기처럼 분출되었다. 그 기세는 터널로부터 100m 이상 떨어진 강 건너편의 민가에 불이 옮겨붙을 정도였다. 화재는 점점 확대되었고 주민들은 어떻게든 불을 끄려고 했지만 확산되는 화염의 기세를 막을 수가 없었다. 그리고 17시 15분경, 터널 안에 보관되어 있었던 화약이 대폭발을 일으켜 산 전체가 날아가 버렸다.

물론 후타마타 터널은 이 폭발로 산과 함께 날아가 버렸기 때문에 완전히 소멸되고 말았다. 그래서 후타마타 터널이 있었던 자리라고 말한 것이다. 소화 활동 중이던 주민들은 날아온 암석에 맞거나 낙하한 토사에 산 채로 파묻히고 말았다. 부근의 민가도 폭발로 사라져서 화약 반입 작업에 동원되었던 많은 여성과 터널을 감시하고 있던 순사 부장, 산기슭에서 도토리를 채집하고 있던 초등학생 29명도 희생되었다. 결과적으로 147명이 사망하고 149명이 부상 당한 대참사였다. 현재까지 밝혀진 연합군과 관련된 사건 사고 가운데 가장 피해 규모가 큰 사고였다.

## 화약류는 열린계에서는
## 연소되지만 닫힌계에서는 폭발한다

화약은 추진적 폭발(음속보다는 약간 느린 속도, 즉 초속 270m 이하로 반응이 전해지는 것)을 통해 발생한 가스 압력을 이용해 로켓이나 탄약 등을 추진시킨다. 충격파를 발생시키지 않고 폭발적으로 연소된다. 대표적인 화약으로는 흑색 화약과 무연 화약 등이 있다.

폭약은 파괴적 폭발(초속 2~8km로 반응이 전해지는 것)을 통해 발생한 다량의 열과 가스나 충격파로 주위의 물체에 파괴 효과를 발휘하는 것으로, 다이너마이트와 트리니트로 톨루엔TNT 등이 대표적인 폭약이다.

나는 니트로 글리세린을 합성해서 폭발 실험을 한 적이 몇 번 있다. 한 번에 합성하는 양은 미량이지만, 거름종이 위에 있는 기름 상태의 니트로 글리세린을 가는 유리관으로 빨아들여서 불꽃 속에 집어넣으면 매우 격렬하게 폭발한다. 그리고 거름종이에 남은 니트로 글리세린은 거름종이째로 불 속에 넣어서 처리한다. 아무래도 폭발

이니 위험하지 않을까 생각할지 모르지만 격렬하게 불탈 뿐이다.

마술에서 자주 볼 수 있는, 불을 붙이면 빠르게 불타서 사라져 버리는 티슈도 만들 수 있다. 이 티슈는 평범한 티슈와 똑같이 생겼고 물도 빨아들이지만 불을 붙이면 순식간에 불타서 사라지는데, 그 정체는 면화약이라고도 불리는 니트로 셀룰로오스(질산 셀룰로오스)다. 이것도 시험관에 채워 넣고 코르크 마개를 닫은 다음 가열하면 폭발해서 코르크 마개가 날아간다.

화약류 단속법으로 금지되는 행위지만, 불꽃놀이 장난감에서 화약을 꺼내서 알루미늄으로 된 몽당연필 손잡이 등에 채워 넣고 불을 붙이면 폭발한다. 로켓을 만들어서 놀려다가 손가락에 화상을 입은

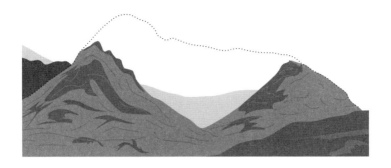

◆ 화약 폭발로 산이 날아가 버렸다(점선이 원래 있었던 산의 모습) ◆

제자도 있었다.

연합군이 요시키 터널에서 화약류 처리에 성공한 이유는 터널이 짧고 화약류의 양이 적은 열린계에 가까운 상태였기 때문일 것이다. 그러나 후타마타 터널은 길이가 약 100m나 되는 데다 화약류가 채워져 있었기 때문에 열린계에 가까운 출입구 부근은 격렬한 연소로 화염 방사 상태가 되고 닫힌계에 가까운 중심 부분은 그 열에 폭발을 일으켰을 것으로 추측된다.

# 화학 관련자라면 반드시 기억해야 할 사상 최악의 화학 공장 사고

인도 보팔 화학 공장
이소시안산 메틸 누출 사고

나는 2020년 1월에 혼자서 인도를 여행했다. 인도는 내가 좋아하는 여행지다. 이번에는 뉴델리의 메인 바자르에 있는 게스트하우스에 묵으면서 마침내 국립공원에서 야생 벵골호랑이를 보는 데도 성공했다. 다만 여행의 첫 번째 목적은 보팔을 방문하는 것이었다.

인도의 중앙부에 위치한 보팔은 인도에서 가장 가난한 주로 꼽히는 마디아프라데시주의 주도州都로, 고상한 모스크와 화려한 궁전, 멋진 정원이 있는 도시다. 나는 보팔역 근처의 게스트하우스에 묵으며 관광을 하기로 했다. 노선버스로 세계 유산이자 인도에서 가장 오래된 불교 유적으로 알려진 산치Sanchi의 불교 기념물군을 보러 갔다가

기차를 타고 돌아오기도 하고, 근교의 세계 유산인 빔베트카 바위 은 신처에서 기이한 바위들과 중석기 시대부터 유사 시대의 수렵과 종교 의식을 그린 벽화를 감상하기도 했다. 다만 가장 큰 관심사는 역사상 최악의 화학 공장 사고가 일어난 주변을 둘러보는 것이었다.

삼륜차인 오토릭샤로 화학 공장 부근을 빙글빙글 돌다 열려 있는 입구로 들어가려 하자 경비원이 제지했다. 사고를 일으킨 공장은 조업 정지 상태였지만 오염이 제거되지 않은 채 남아 있기 때문에 허가서 없이는 들어갈 수 없다고 했다. 결국 공장 안으로 들어가는 것은 포기했다.

델리로 돌아가는 날, 비행장으로 가는 도중에 '보팔 추모 박물관'이라는 작은 박물관에 들렀다. 택시 기사도 위치를 몰랐고, 그 주변에서 지역 주민들에게 물어봤지만 아는 사람은 많지 않았다. 간신히 위치를 알아내 입장하니 1층과 2층에 수많은 사진과 포스터가 붙어 있었다. 아이들의 시신을 찍은 가슴 아픈 사진을 비롯해 사고에 항의하는 집회 등의 포스터도 여럿 전시되어 있었다. 이 박물관은 2012년에 보팔 화학 공장의 가스 누출로 피해를 입은 피해자, 그리고 미국의 화학 기업인 유니언 카바이드가 일으킨 수질 및 토양 오염과 싸우는 활동가들이 설립한 곳이다.

1984년 12월 3일, 미국 유니언 카바이드의 인도 자회사가 소유한 살충제 공장에서 메틸이소시아네이트MIC의 혼합물을 비롯한 치사성 가스가 누출되어 50만 명이 넘는 사람이 다양한 건강상의 피

파키스탄

뉴델리

네팔

아그라

바라나시

보팔

보팔 화학 공장

뭄바이

인도

벵갈루루

해를 입는 사상 최악의 화학 공장 사고가 일어났다. 이 공장의 인근에 인　구가 밀집한 슬럼가가 있었고 또 모두 깊은 잠에 빠진 심야에 사고가 발생한 탓에 많은 사람이 제때 대피하지 못해 새벽까지 무려 2,000명 이상이 사망했다.

## 유니언 카바이드사와
## 이소시안산 메틸

유니언 카바이드사는 미국의 화학 기업으로, 1866년에 창업했다. 카바이드는 탄화물을 가리키는데, 일반적으로는 탄화물 중에서 탄화 칼슘$CaC_2$을 의미한다.

카바이드는 물과 반응시켜 아세틸렌가스$C_2H_2$를 얻거나 질소와 반응시켜서 비료를 만드는 물질이다. 화학 공장의 원료가 석탄이었던 과거에는 석탄을 쪄서 얻은 코크스와 산화 칼슘을 약 $2,000\,°C$로 가열해서 카바이드를 만들었다. 카바이드를 물에 넣으면 아세틸렌이 발생한다. 아세틸렌은 유기 화합물의 합성 원료로 많이 사용되며, 다양한 물질을 만들 수 있어서 아세틸렌 화학 공업이 꽃을 피웠다. 현재 이들 화학 공업은 석유 원료로 교체되었다.

내가 어렸을 때는 포장마차의 조명으로 아세틸렌 램프가 사용되었다. 불순물의 독특한 냄새가 지금도 기억난다. 물이 든 놋쇠(황동) 용기에 카바이드를 넣어서 발생한 아세틸렌을 태우는 방식이었다. 아세틸렌은 밝게 빛을 냈지만 분자 속에 탄소 비율이 높아서 검댕이 많았다.

그 명칭에서 알 수 있듯이 카바이드 제조사로 시작한 유니언 카바이드는 이후 가스와 금속, 플라스틱, 석유 화학 분야로 사업의 범위를 넓혀 나갔다. 그리고 약 40개국에 700개의 공장과 10만 명에 이르는 직원을 보유한 다국적 기업이 되었다. 1980년대 전반에는 보유 자산이 100억 달러에 매년 90억 달러의 매출을 올려 화학 산업계에서 미국 국내 3위, 세계 7위의 대기업이 되어 있었다.

1969년 유니언 카바이드는 인도의 보팔에 공장을 세우고 조업을

$$H_3C \diagdown N \diagup C \diagdown O$$

시작했다. 세빈이라는 살충제를 제조하기 위해서였다. 이 제품은 인도의 농민들을 해충의 위협에서 해방시켜 줄 것으로 기대되었다.

1978년 이전에는 세빈을 만들 때 이소시안산 메틸MIC을 사용하지 않았다. 이소시안산 메틸은 무색 투명한 고체로, 피부에 닿으면 자극이 있을 뿐만 아니라 경우에 따라서는 생명을 위협하는 물질이다. 또한 흡입하면 호흡기나 중추 신경계에 장애를 일으킬 위험이 있다. 이소시안산 메탈은 이런 맹독성 화학 물질이기 때문에 야외나 환기가 잘 되는 실내에서 취급해야 하며, 작업을 하는 사람은 반드시 보호 장구를 착용해야 한다. 이처럼 다루기 어려운 화학 물질이지만, 이소시안산 메틸을 사용하면 폐기물의 양을 줄일 수 있고 제조 비용도 낮출 수 있다는 이점이 있어 세빈 제조에 도입하게 된 것이다.

공장 주변을 둘러싼 슬럼가에는 수많은 가난한 사람이 유니언 카바이드에서 일자리를 얻기 위해 모여들어 살고 있었다.

## 한밤중에 발생한
## 비극적인 사고

1984년 12월 2일 23시 30분경, MIC의 누출 사고가 일어났다. 몬나 히로미의《화학 재해》를 참고로 당시의 상황을 살펴보자.

원인은 그날 저녁에 MIC를 저장하는 탱크의 배관 정화 작업을 했던 작업원의 실수였다. 물이 탱크 안으로 들어가지 않게 하는 칸막이를 깜빡하고 끼우지 않았던 것이다. 게다가 엎친 데 덮친 격으로 신설된 배관에 문제가 있어 MIC 저장 탱크로 물이 흘러 들어갔다.

물과 접촉한 MIC는 격렬한 발열 반응을 일으켜 몇 분 만에 42t의 MIC가 갑자기 열을 내며 엄청난 속도로 가스 폭풍을 일으키려 하고 있었다. 기화한 가스는 망가진 안전밸브 부분을 통해서 탱크 밖으로 새어 나왔다. 공장의 작업원들은 탱크 내부의 압력 상승과 MIC 가스의 누출을 검사로 알아내기는 했지만 적절한 조처를 하지 못했다. 수 시간 만에 전부 기화해 누출된 MIC는 주변 일대로 퍼져 나갔다. 가스는 당시 불어오는 북서풍을 타고 인구가 많은 남동 지역으로 확산되었다. 확산된 범위는 약 40km²로 알려져 있다.

공장에서는 장내 방송으로 바람의 방향을 알린 덕분에 부상자는 생겼지만 전원이 목숨을 구할 수 있었다. 한편 주변의 주민을 향한 긴급 사이렌은 12월 3일 새벽 1시경에 울리기 시작했는데, 원래 외부에 긴급 사태를 알릴 때는 사이렌을 멈추지 않고 계속 울려야 하지만 3분 정도 울리다 멈춰 버렸다. 그러나 '긴급 사이렌이 멈춘 것'

을 즉시 깨달은 공장 직원이 없었기 때문에 약 1시간 뒤인 새벽 2시 경에야 사이렌이 다시 울리기 시작했다.

많은 사람이 잠들어 있는 시간대에 사고가 일어났고 긴급 사이렌이 정상적으로 작동하지 않은 탓에 2,000명이 넘는 사람이 MIC 가스에 노출되어 그 자리에서 사망하는 대참사가 벌어졌다. 다만 이 숫자는 어디까지나 '즉사한 사람'의 수이며, 최종적인 사망자는 1만 4,410명까지 늘어났다. 또한 MIC를 뒤집어쓰고 이런저런 장애를 얻은 사람의 수는 5만 명에 이른다. 비극의 그날 밤과 그 후에 사망한 희생자의 정확한 수는 아무도 알지 못할 것이다. 여기에 후유증에 시달린 사람들까지 포함하면 이 사고의 피해자는 20만 명 혹은 30만 명이라는 이야기도 있다. 이런 엄청난 피해 규모 때문에 보팔 화학 공장 사고는 '인류 역사상 최악의 화학 사고'로 불리고 있다.

### 목숨을 건졌지만
### 후유증에 시달리는 사람들

MIC를 뒤집어쓰면 눈이 따갑고 눈물과 기침이 멈추지 않으며 호흡이 곤란해지고 구토를 하는 등의 증상이 나타난다. 날이 밝고 점심 때가 되기까지 MIC를 뒤집어쓴 주변 주민 2만 5,000명이 병원으로 실려 갔다. 그들에게 필요한 치료는 '실명을 막기 위해 얼굴을 씻고 눈에 아트로핀 점안액을 넣는다' '가글을 한다' 등이었지만, 의사는 적절한 지시를 내릴 수가 없었다. 보팔 공장에서 어떤 물질이 사용되고 제조되고 있었는지 전혀 알지 못했기 때문이다.

살아남았던 사람들은 사고가 일어난 지 수년이 지난 뒤에도 여러 가지 증상이 나타났다. 개인의 건강상 문제로는 사고 후 5년이 지난 1989년 시점에 공장 주변의 주민 중 70%가 호흡기 질환, 안과 질환, 생리 불순, 신경 장애 등에 시달린다는 보고가 있었다.

MIC의 악영향이 세대를 초월해서 전해지는 더욱 심각한 사태도 발생했다. 한 병원에서는 임산부의 76%가 유산했고, 신생아 4명 중 한 명이 생후 2일 이내에 사망했다. 신생아의 사체에서 MIC가 검출된 사례도 있었다. 또한 사회적 문제로는 사고를 계기로 일자리를 잃어 하루하루 생활하는 데도 어려움을 겪는 주민이 속출했다. 그리고 현재도 많은 피해자가 후유증에 시달리는 등 건강 피해가 계속되고 있다고 한다.

## 경비 절감으로 모든 안전장치가 사용 불능 상태

당시 시장에는 유니언 카바이드사가 제조하는 것보다 저렴하고 안전한 농약이 등장했다. 이에 따라 적자 경영에 빠진 유니언 카바이드사는 비용을 더 절감해야 했는데, 이때 절감한 것이 바로 '안전' 부문의 비용이었다. 그리고 사원에게 제대로 안전 교육을 실시하지 않은 채 현장 작업에 투입하는 일이 늘어났다. 이런 영향에서인지 MIC 시설이 가동을 시작한 지 1년 만에 사고가 발생했다. 이 사고 이전에도 작은 사고와 문제가 수차례 발생했던 터라 전문가 팀이 공장에 가서 조사를 실시했고, 보고서에서 전문가들은 적절한 안전 대책을 강구하지 않는다면 언젠가 큰 사고가 일어날 수 있다고 경고했다. 그러나 회사에서는 그 경고를 진지하게 받아들이지 않았고 1984년 후반기에는 MIC 부문의 인원을 감축하기까지 했다.

공장에는 MIC에 관해 큰 사고가 일어나지 않도록 몇 가지 안전장치가 준비되어 있었지만, 그런 안전장치들이 정상적으로 작동하지 않았다. 가령 가스를 태우는 소각탑은 수리 중이었고, 가스를 중화하는 세정 장치는 수리가 막 끝난 상태여서 사용할 수 없었다. 만약 사고 당시 이들 안전장치가 정상적으로 작동했다면 피해 범위와 정도를 다소 억제할 수 있었을 것이다.

이듬해인 1985년 유니언 카바이드사는 미국 본국에서도 보팔 사고보다 규모는 작지만 같은 형태의 사고를 일으켰다. 이 사고를 계기로 미국에서는 1986년에 '비상 대응 계획과 지역 주민의 알 권리에 관한 법률'이 제정되었고, '유해 물질 배출 목록'이 도입되었다. 공장이 배출하고 있는 화학 물질의 정보를 인근의 주민에게 공표하는 제도다.

인도에서는 1989년에 유니언 카바이드사가 피해자들에게 4억 7,000만 달러의 배상금을 지급하기로 합의했다. 1인당 300달러 정도다. 그 후 부채를 끌어안은 유니언 카바이드사는 대형 화학 기업인 더 다우 케미칼 컴퍼니(다우 케미칼)의 자회사가 되었다.

이 원고는《화학 재해》와 도미니크 라피에르·하비에르 모로 공저인《보팔 오전 0시 5분》을 읽고 내셔널지오그래픽의 다큐멘터리 '사상 최악의 참사: 보팔의 화학 공장 사고'를 몇 차례나 시청하며 썼다. 보팔에는 이 사고의 관련 장소를 돌아보는 투어도 있다고 한다. 다음에 보팔을 방문할 기회가 생기면 참가해 보려 한다.

이 사고는 존재도 내용도 그다지 알려지지 않은 듯하다. 그러나 화학 관련 일을 하는 사람이라면 반드시 알아 둬야 할 사고라고 생각한다. 특히 몬나 히로미가 사례로 정리한 것을 참고했음을 덧붙여 둔다.

# 이탈리아 세베소의 다이옥신 폭발 사고

## 세베소의 농약 공장에서 다이옥신이 퍼져 나가다

1976년 7월 10일의 정오를 지날 무렵, 스위스 국경과 가까운 이탈리아 북부 롬바르디아주의 도시 세베소에 위치한 익메사ICMESA 화학 공장에서 폭발 사고가 일어났다. 사고 당일은 휴업일로, 작업원들이 점검과 청소 작업을 마쳤을 무렵에 사고가 발생했다.

익메사 화학 공장은 호프만 라 로슈사(스위스의 세계적인 의약품 회사)의 산하인 지보단사(스위스에 있는 세계 최대의 향수 회사)의 자회사다. 제초제와 외과용 비누의 제조에 사용되는 트리클로로 페놀TCP이나 헥사 클로로펜이라는 화학 물질을 제조해 그 대부분을 미국에 수출하고 있었다.

폭발은 공장에서 수 킬로미터 떨어진 가옥에도 매우 커다란 소리와 진동이 전해졌을 만큼 대규모였다. 공장 위에는 거대한 회색 버섯처럼 생긴 연기 덩어리가 나타났고, 얼마 후 주변 지역에 흰 결정이 떨어지기 시작했다. 존 G. 풀러의 《하늘에서 떨어진 독The Poison That Fell From The Sky》에는 당시의 상황이 다음과 같이 표현되어 있다.

"슈~ 하는 비명에 가까운 소리가 크게 울려 퍼졌다. 기분 나쁘고 불길한, 과거에 한 번도 들어본 적 없는 소리였다."

"밖으로 뛰쳐나가 하늘을 올려다봤다. 잿빛이 섞인 거대한 흰 연기가 TCP 반응기 안전밸브의 방출탑에서 엄청난 기세로 쇳소리를 내면서 뿜어져 나오고 있었다. 그리고 순식간에 굉장히 작은 모래나 먼지 같은 미립자가 그들의 주위에 떨어지기 시작했다. 빌로도 얼굴 전체에 미립자를 뒤집어썼는데, 반쯤 젖은 모래 같은 촉감이었다. 그는 점검 작업에 사용하는 헝겊으로 얼굴을 닦았는데, 피부가 따끔거렸다. 짙은 흰 안개가 주위를 감쌌고, 나뭇잎도, 지면도, 공장 지붕도 순식간에 작고 흰 결정에 뒤덮여 버렸다."

"거대한 아이스크림콘처럼 생긴 구름이 솟아올라 하늘을 뒤덮더니 이쪽을 향해 움직였다. 잿빛을 띤 그 짙은 구름은 몸부림을 치면서 갑자기 다양한 색으로 변화했다. 그리고 순식간에 그들의 머리 위를 뒤덮더니 가벼운 바람을 타고 천천히 남쪽 방향, 즉 밀라노 쪽으로 흘러갔다. 구름에서는 악취를 동반한, 피부에 닿으면 따끔거리는 안개비 같은 것이 내

리기 시작해 나무와 풀꽃, 도로 건너편의 옥수수밭 등 여기저기에 쌓이기 시작했다. 그리고 테이블의 장식에까지 떨어져 레나를 우울하게 만들었다."

　아직 이 사고의 심각성을 몰랐던 주변 주민들은 흰 결정을 뒤집어써도 딱히 신경을 쓰지 않았다. 또한 흰 결정을 뒤집어쓴 채소와 과일, 가축의 고기를 아무렇지도 않게 먹었다.

　7월 15일이 되자 지보단사의 조사를 통해 이 흰 결정의 정체가 다이옥신류 중에서도 가장 독성이 강한 2,3,7,8 - 테트라클로로 다이벤조 다이옥신TCDD임이 밝혀졌다. TCP나 헥사 클로로펜을 제조하는 과정에서 200℃를 넘겼을 때 TCDD가 부산물로 생성되었던 것이다. 지보단사가 이 사실을 당국에 보고한 시기는 사고가 일어난 지 열흘이 지난 7월 20일이었다.

주민의 눈앞에서 힘이 빠져 지상으로 추락하는 들새, 제대로 걷지도 못하는 개와 고양이, 피를 흘리며 죽어 가는 토끼와 닭 등의 가축들……. 하늘에서 떨어진 TCDD의 영향은 먼저 작은 동물들에게서 나타났다. 그리고 폭발 사고로부터 2주가 지난 7월 24일에는 오염이 심했던 지역의 40세대 200명 이상에게 그 지역으로부터 일제히 벗어나라는 강제 명령을 발령했고, 약 3주가 지난 7월 말에는 1m²당 5μg(마이크로그램, 100만분의 5g)의 다이옥신이 검출된 지역으로까지 명령이 확대되었다. 또한 가축 이동으로 오염이 퍼질 위험을 예방하기 위해 약 5만 마리가 살처분 되었다.

## 사고의 원인은
## 인간의 실수

이 폭발 사고의 원인은 인간의 실수였다. 작업원이 운전 지침을 지키지 않고 잘못 조작한 채 현장을 떠났던 것이다. 이 때문에 반응이 폭주해 폭발이 일어났다. 그리고 공장 설계 단계에서의 기술적 실책도 사고와 관련이 있었다. 무슨 일이 일어났을 때 독물이 직접 대기로 분출되는 장소에 안전밸브가 설치되어 있었던 것이다. 또한 폐액 탱크와 회수조도 설치되어 있지 않았다고 한다. 만약 이런 실책이 없었다면 피해 범위와 규모를 낮은 수준으로 억제할 수 있었을 것이다.

## 사망자는
## 없었지만……

이 폭발 사고에 따른 직접적인 희생자, 즉 폭풍, 화상, 다이옥신의 급성 중독 등으로 인한 사망자는 없었다. 그러나 22만 명이 넘는 사람이 여러 가지 후유증에 시달린 것으로 추정되고 있다. 많은 사람이 다이옥신 중독의 전형적인 증상인 염소성 여드름(피부의 이상 증상인 부스럼의 일종)이나 발진, 구역질, 권태감 같은 증상에 시달렸다.

더욱 심각한 점은 피해가 세대를 초월해서 나타난 사례가 있었다는 것이다. 이듬해인 1977년, 임산부의 유산율이 34%에 이르렀다.

또한 기형이나 장애를 안고 태어나는 아이도 많았기 때문에 가톨릭 지역에서는 인공 중절의 시비를 둘러싸고 커다란 논쟁이 벌어졌다.

게다가 많은 사람이 자신이 나고 자란 곳이 다이옥신에 오염된 탓에 고향에 돌아가지 못했다.

## 베트남 전쟁에서
## 부각된 다이옥신

미국이 10년간 대규모 병력을 투입한 베트남 전쟁은 베트남에 심각한 상처를 남겼다.

1962년 미국 국방부는 베트남에 대한 '고엽 작전'을 승인했다. 인민해방군 세력이 정글을 은신처로 삼아 기습 공격과 매복 공격을 시도하는 것에 대응하기 위해 하늘에서 폭격하기 쉽도록 식물을 시들게 해서 정글을 벌거숭이로 만들자고 생각한 것이다.

그 후 미군은 약 10년에 걸쳐 남베트남의 500만 에이커(여의도 면적의 7,000배 – 옮긴이)에 이르는 지역에 약 7,500만L의 고엽제를 매일 공중에서 비처럼 살포했는데, 고엽제에는 TCDD가 불순물로 들어 있었다. 고엽 작전을 통해서 뿌려진 이 다이옥신의 양은 수백 킬로그램에 이른다고 한다.

베트남에서의 다이옥신 살포가 세상에 크게 알려진 계기는 베트남의 기형아 출산 뉴스였다. 베트와 도크라는 샴쌍둥이(몸은 하나이지만 머리는 둘인 쌍둥이) 사진은 세상을 충격에 몰아넣었다. 나는 베트와 도크가 분리 수술을 받은 투두 병원을 찾아간 적이 있다. 도크는 활발했지만 베트는 병상에 누워 있었다. 그리고 이후에 다시 방문했을 때 베트는 세상을 떠난 뒤였고, 병원의 직원으로 일하고 있던 도크가 오토바이로 우리의 버스를 한동안 쫓아오며 전송해 줬다. 병원에는 머리가 큰 대두증 환자 등 다양한 기형아가 입원해 있었는데, 베트남 전쟁 당시 미군이 뿌린 '고엽제'에 불순물로 섞여 있던 다이옥신이 이런 기형아들이 태어난 원인이 아닐까 추측되었다.

현재 베트와 도크 형제에 관해서는 다이옥신의 영향 때문인지의 여부를 두고 전문가들 사이에서도 의견이 엇갈리고 있다. 다만 그렇다고 해도 베트남에서 이상 출산이나 기형아 출산이 증가했다는 베트남 과학자의 보고가 거짓이라고 말할 수 없다.

베트남 전쟁은 1975년에 미군의 철수로 막을 내렸다. 그 후 300만 명으로 추산되는 미군 귀환병 사이에서도 피부염이나 신경증 등 다양한 건강 장애가 발병했으며 기형아가 탄생했다. 피해자들은 고엽제 제조사인 다우 케미칼을 비롯한 9개 회사를 상대로 소송을 제기했고, 1984년에 1억 8,000만 달러의 보상금이 지급되었다.

## 베트남에서의
## 기형아 발생률을 둘러싼 논란

1983년에 실제로 베트남에서 그 실태를 목격하고 베트남 과학자의 보고를 들은 일본 과학자가 있다. 그 보고를 자세히 살펴보자.

그해 1월 13일부터 20일까지 베트남 호치민시의 쿠롱 호텔에서 국제 심포지엄이 열렸다. '전쟁에서의 낙엽제·고엽제 : 인간과 자연에 끼치는 장기적인 영향'이라는 제목의 심포지엄으로, 베트남 전쟁 당시 미군이 삼림을 파괴하기 위해 뿌렸던 고엽제의 영향에 관해 논의하기 위한 자리였다. 베트남의 55명을 포함해 21개국에서 130명의 과학자가 참가했으며, 그 밖에 50명에 가까운 유엔 관계자 등이 참관인 자격으로 참석했다. 일본에서는 생태학자 모토타니 이사오와 임상기형학자 기다 미쓰시로가 참석했다. 기다 미쓰시로는 살리드마이드 사건(1960년 전후에 살리드마이드라는 의약품의 부작용으로 세계에서 약 1만 명에 이르는 태아가 피해를 입었던 약해 사건 – 옮긴이)에서 활약한 인물이다. 그가 〈기술과 인간〉(1983년 7월호)에 기고한 '베트남 전쟁으로 인한 고엽제 오염의 현재 상황'을 바탕으로 당시 어떤 논의가 있었는지 엿보자.

두 사람은 투두 병원의 기형 태아 표본을 살펴봤다. 표본 병에 붙은 라벨의 연도는 1979~1982년까지 있었는데, 최근으로 갈수록 표본이 많아졌다. 표본이 계속해서 들어왔기 때문에 오래된 표본은 다른 곳에 보관하고 있었던 것이다. 베트남 측에서는 처음에는 독성이 너무 강해서 좀 더 초기에 유산이 되었지만 시간이 지나면서 독성이 약해져 태어날 정도까지 자랄 수 있었던 것이 아닌가 추측하고 있었다.

심포지엄에서는 기형아의 발생률을 둘러싸고 논쟁이 벌어졌다. 고엽제가 뿌려진 지역과 뿌려지지 않은 지역을 비교하면 뿌려진 지역의 기형아 발생률은 5%대이고 뿌려지지 않은 지역의 기형아 발생률은 0.5%대였다. 그러나 주로 선진국의 과학자들에게는 선진국의 평균값이 5%대라는 상식이 있었다. 그래서 데이터를 어떻게 뽑았는지가 논란의 초점이 된 것이다. 다만 유합태아, 포상기태, 구개열, 척추이분증, 무뇌증 등의 몇몇 항목에서는 명백히 높은 발생률임이 확인되었다. 기형아 발생이 존재하는 것은 분명했다.

이에 대해 기다 미쓰시로는 "선진국은 100년에 걸쳐 다양한 형태로 화학 물질을 접하고 있다. 그래서 기형아 발생률이 5%이지만, 베트남은 그런 화학 물질과 접촉한 경험이 없었다. 10년 동안 고엽제가 살포된 곳이 선진국 수준이 되었다고 생각할 수 있지 않을까?"라는 가설을 제시했다. 이 가설에는 물론 찬반 양론이 있지만, 그럴 가능성도 있지 않을까?

## 환경 속에 존재하는
## 다이옥신의 발생원

일본에서는 1997년부터 쓰레기 소각 시설의 배기가스에서 나오는 다이옥신이 주목을 받게 되었다. 그리고 다이옥신의 섭취량은 쓰레기 소각 시설 주변의 대기를 통해서 흡입하거나 밭에서 재배된 녹황색 채소에서 섭취하는 양보다 어패류에서 섭취하는 양이 더 많음도 밝혀졌다.

주된 배출원으로 드러난 들판이나 소규모 소각로 등에서 쓰레기를 태우는 것이 금지되었다. 이와 같은 쓰레기 소각에 관한 다이옥신 대책 덕분에 대기 속의 다이옥신 농도는 현저히 개선되었다. 다만 물속 환경에서 바닥에 쌓인 다이옥신 농도는 거의 변화가 없는 상태다.

특히 다이옥신의 발생원으로 추측된 것은 쓰레기 속의 폴리염화비닐 등이었다. 폴리염화비닐 문제의 발단은 사실 다이옥신이 아니라 쓰레기 소각로에서의 염화 수소 발생과 염화비닐 제조시 섞는 안정제 속 납이나 카드뮴 등의 유해 중금속 배출에 있었다.

염화 수소(물에 녹으면 염산)는 인체에 유해한 기체이며 다이옥신도 여기에서 생성된다. 염화비닐 업계나 일부 과학자는 "다이옥신류는 무엇을 태우든 발생한다"라며 식염도 다이옥신 생성의 염소 공급원이라고 주장한다. 심지어는 식염이 다이옥신 생성의 주된 염소 공급원이라는 극단적인 주장을 펼치며 쓰레기에 산성 백토를 첨가하고 소각해 염화 수소를 발생시켜 다이옥신을 생성하는 실험까지 실시했다.

산성 백토는 점토 등에 들어 있는 알루미늄이나 규소의 산화물이다. 양이온 교환 능력이 있어서 염화 나트륨을 혼합하면 그 나트륨 이온과 결합해 염소 수소를 생성하며, 쓰레기에 섞어서 연소시키면 다이옥신이 만들어진다. 그러나 실제로 소각하는 쓰레기에는 다량의 산성 백토가 들어 있지 않으며, 일반적인 쓰레기로 소각 실험을 하면 염화비닐 등 유기 염소 화합물이 다이옥신 생성의 주범이라는 결과가 나온다. 또한 염화비닐에 다른 플라스틱을 함께 태우면 다이옥신이 더 많이 생성된다.

## 다이옥신의 독성

독성은 크게 나누면 일반 독성과 특수 독성이 있다. 일반 독성에는 24시간 이내에 독성 효과를 나타내는 급성 독성, 3~12개월의 독성 효과를 보이는 아급성 독성, 장기간 반복되었을 경우에 유해한 효과를 나타내는 만성 독성이 있다. 또한 특수 독성에는 최기형성(태아기에 작용하여 기형을 일으키는 독성), 변이원성(대장균에 돌연변이를 일으키는 독성), 발암성, 번식과 관련된 독성(생식 기능이나 신생아의 생육에 끼치는 영향) 등이 있다.

다이옥신류 중에서 가장 독성이 강한 TCDD의 반수 치사량$LD_{50}$을 동물별로 살펴보자. 여기서 반수 치사량이란 어떤 물질의 독성을 실험할 때 실험동물군의 50%를 사망시키는 독성 물질의 투여량을 말하며, 실험동물의 체중 1kg당 환산한 수치로 표시한다. 1회 투여에 따른 $LD_{50}$의 단위는 'μg/kg(마이크로그램/킬로그램)'이다.

기니피그 0.6, 시궁쥐 40, 원숭이 70, 토끼 115, 개 150, 생쥐 200, 햄스터 3,500이다.

이처럼 동물의 종류에 따라 $LD_{50}$이 크게 다르다. 따라서 종류별로 다양한 동물 실험을 실시한 결과를 고려해 다이옥신의 최소 영향량을 다음과 같이 결정하게 되었다.

임신 중에 다이옥신을 투여받은 시궁쥐에게서 태어난 암컷의 생식기 형태 이상은 명확한 양·반응 관계(화학 물질의 양과 건강 영향의 관계)가 있기에 실험의 신뢰성이 높다고 판단한다.

이때의 최소 체내 부하량(영향이 나타난 최소량)은 체중 1kg당 86ng 나노그램이었다. 이 양에 도달하기 위한 인간의 1일 섭취량은 체중 1kg당 43.6pg 피코그램으로 산출되었다.

이 동물 실험을 사람에게 적용할 때의 안전성을 고려해, 10으로 나눠 (즉 10배 엄격하게 해서) 하루에 체중 1kg당 4pg. 이것이 현재 일본의 1일 섭취 허용량TDI으로, 1999년 6월에 제정되었다(한국의 경우, 다이옥신 1일 섭취 허용량은 일본과 같은 1kg당 4pg이다-옮긴이).

* 1ng은 1g의 10억분의 1이고, 1pg은 1g의 1조분의 1이다.

이처럼 다이옥신 등의 독성은 암에 걸리느냐 사망하느냐 같은 단순한 잣대로 평가되는 것이 아니다. 몸의 형태나 기능의 이상 등 다종다양한 잣대로 평가된다. 최근에는 외부의 자극에 가장 민감성이 높은, 즉 외부 영향을 잘 받는 태아에게 끼치는 영향을 고려해 섭취 허용 기준을 설정하고 있다. 1998년에 세계보건기구WHO는 다이옥신의 1일 섭취 허용량을 체중 1kg당 1~4pg으로 정했다. 이것은 동물에 대한 환경 호르몬(외인성 내분비 교란 물질) 작용이나 외부 자극에 민감한 태아 및 유아에게 끼치는 영향을 고려해서 결정한 것이다.

최근 약 10년 사이에 일본인의 경우, 체중 1kg당 평균 다이옥신 섭취량이 1998년의 1.92pg에서 꾸준히 감소해, 2018년에는 0.51pg이 되었다. 1일 섭취 허용량보다는 충분히 낮지만, WHO의 기준을 생각하면 약간은 걱정스러운 측면이 있다.

어떤 동물이든 다이옥신을 섭취하면 체중 감소, 흉선 위축, 비장 위축, 간 장애, 조형 장애 등의 영향이 나타난다. 그러나 염소성 여드름은 인간·원숭이·토끼·누드마우스에게서만, 수종(부종, 부어오름)은 인간·원숭이·닭에게서만, 눈의 지루는 인간과 원숭이에게서만 나타나며 다른 동물에서는 발견되지 않았다.

"다이옥신에는 사실 이렇게 호들갑을 떨 정도의 독성은 없다"라고 주장하는 사람들도 있다. 하지만 《하늘에서 떨어진 독》을 읽을 때 세베소의 사고 당시 다이옥신의 영향으로 들새 등이 힘없이 죽어 가는 모습을 머릿속에 그렸던 나는 사람만을 기준으로 독성을 운운해서는 안 되며 다종다양한 영향이 있음을 고려해야 한다고 생각한다. 가령 선천이상 태아의 출산율은 1972년에 0.7%였던 것이 2005년에는 1.5%를 넘었다. 70명 중 1명 이상의 비율로 태어나고 있는 것이다. 그 원인이 다이옥신이라고는 단정할 수 없지만, 천연 화학 물질이나 인공 화학 물질이 모체에 영향을 끼치고 있을 가능성은 충분하다.

TCDD는 생쥐와 시궁쥐, 그리고 햄스터를 대상으로 한 모든 만성 독성 실험에서 발암성이 있음이 보고되었다. 또한 인간에게도 명백한 발암성이 있음이 밝혀져 WHO의 암 연구 전문 조직 국제암연구기관IARC이 정한 발암 물질 등급에서 그룹1에 지정되었다. 이는 사고 등으로 고농도의 TCDD가 누출되었을 때의 자료를 근거로 한다. 또한 다이옥신류 자체가 직접 유전자에 작용해 암을 일으키는 것이 아니라 다른 발암 물질의 발암 작용(암화)을 촉진하는 것으로 여겨지고 있다.

"다이옥신에는 사실 이렇게 호들갑을 떨 정도의 독성은 없다"라고 주장하는 사람들은 IARC가 TCDD를 그룹1로 변경한 것에 대해 "결국 '박빙의 투표 결과'일 뿐이며 그 심의에 참여하지 않은 전문가가 많기 때문에 최선의 절차를 거친 결론이 아니었다"라는 '뒷이야기'로 비난하고 있다. 나는 사실인지 아닌지 확인할 방법도 없는 '뒷이야기'를 할 것이 아니라 그룹1로 변경한 근거를 과학적으로 검토해서 비판해야 한다고 생각한다.

다이옥신이 미량으로 독성을 발휘하는 작용 메커니즘에는 명확하지 않은 점이 많지만, 일종의 호르몬 물질 같은 방식으로 작용한다는 발상이 있다. 이른바 내분비 교란 물질인 환경 호르몬으로서 다이옥신이 세포 내의 어떤 수용체 단백질과 결합하고 이 단백질의 작용으로 여러 가지 유전자가 활성화되어 암이나 선천이상 등의 건강 장애를 일으킨다는 생각이다.

또한 다이옥신류가 인간의 건강에 어떤 영향을 미치는지는 아직까지 밝혀지지 않은 부분이 많이 남아 있다.

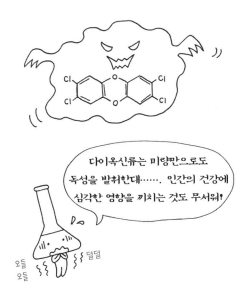

다이옥신류는 미량만으로도 독성을 발휘한대……. 인간의 건강에 심각한 영향을 끼치는 것도 무서워!

# 나트륨을 제어하지
## 못했던 고속 증식로

### 물과 만난 나트륨은
### 어떻게 될까?

나트륨은 주기율표에서 가장 왼쪽에 위치하는 1족 원소 가운데 수소를 제외한 알칼리 금속에 속한다. 은백색의 금속이며 손으로도 찢을 수 있을 만큼 무르다. 나는 고등학교 화학 수업 시간에 학생들에게 알칼리 금속 원소 중에서 리튬·나트륨·칼륨의 실물과 그것들이 물과 어떻게 반응하는지 보여줬다.

시약병의 등유 속에서 나트륨 덩어리를 꺼내 거름종이 위에 올려놓고 커터로 절단한 다음 그 단면의 금속 광택을 학생들에게 보여줬다. 그리고 쌀알 정도의 크기로 잘라내 물이 들어 있는 비커에 투입했다. 그러자 나트륨 알갱이가 수소 가스의 거품을 내면서 수면을 돌아다니다 마지막에는 탁 하고 튀었다. 이때 재빨리 유리판으로 비커의 입구를 덮었다.

## 나트륨 화학 실험 중에 일어난 아찔한 사고들

이런 실험을 바탕으로 책을 준비하면서 필자는 실제로 학교에서 일어난 화학 실험 사고 등의 사례를 수집했는데, 이때 많은 사람의 도움을 받았다. 그 책*의 '나트륨, 칼륨과 물의 반응으로 폭발'에는 다음과 같은 사고 사례가 소개되어 있다.

[사고 사례]

- 더 반응할 나트륨이 없다고 생각해 싱크대에 버렸다가 발화 폭발.
- 나트륨, 칼륨과 물의 반응으로 수면에 발생한 액체 알갱이가 사방으로 흩어짐.
- 나트륨 찌꺼기가 남아 있던 광구병(입구가 넓은 병)에 질산을 붓는 바람에 급격히 반응해 발화.
- 샬레의 뚜껑을 덮고 그 안에서 반응을 일으키자, 내부에서 발생한 수소 때문에 뚜껑이 날아감.

---

* 나카니시 게이지·가토 슌지,《화학 실험 사고를 없애기 위해:100% 안전한 학생 실험》(화학동인, 1984년)

• 나트륨, 칼륨과 물의 반응으로 생긴 안개를 들이마시는 바람에 심하게 기침을 함.
• 칼륨을 등유 속에서 꺼내 나이프로 자르자 발화.

[사전 주의사항]

1. 나트륨과 칼륨은 모두 물과 접촉하면 격렬히 반응하며, 이때 수소가 발생한다. 칼륨은 물속에서도 열을 내기 때문에 수소에 불이 붙어 연소한다. 또한 수면에서 녹은 것이 폭발적으로 튈 때가 있다. 물과 반응시킬 때는 쌀알 크기 이하($4 \times 4 \times 4mm^3$〈약 $60mm^3$〉 이하)인 것을 사용하며, 안지름이 16mm보다 가는 시험관은 위험하므로 사용하지 않는다.

2. 두 개 이상의 나트륨 조각을 동시에 수면 위에 놓으면 녹아서 합체해 커다란 덩어리가 되기 때문에 위험하다.

3. 시험관으로 나트륨과 불의 반응을 관찰할 때는 30℃ 이하의 물 약 10ml를 담은 굵은 시험관을 시험관 거치대에 세우고 사용해야 한다. 그 시험관 안에 나트륨 조각을 투입한 다음 옆으로 1m 이상 떨어져서 관찰하게 한다. 절대 시험관 위에서 들여다보지 못하게 한다.

4. 샬레나 수조에서 물과 반응시킬 때는 뚜껑이나 유리판으로 입구를 덮는다. 단, 밀폐시키면 위험하다.

5. 손이나 얼굴 등에 닿으면 화학 화상을 일으키므로 절대 피부에 닿지 않게 한다.

6. 칼륨은 비중이 작고 강하게 발열한다. 작은 조각이라도 물 위를 미끄러지면서 불을 뿜고, 비산하면서 반응한다. 나트륨보다 위험성이 크므로 드래프트 체임버(실험용 작은 상자) 안에서 실험을 하거나 보호안경을 쓰도록 한다.

**[사고가 발생했을 때의 응급처치]**

- 피부에 묻었을 때는 나트륨, 칼륨 조각이나 비말을 즉시 제거하고 빨리 다량의 물로 약 30분 동안 씻어 낸다. 그 후 3% 아세트산으로 중화한다.
- 연소되면서 나온 연기를 흡입했을 때는 최대한 많은 물을 마신다.
- 눈에 들어갔을 때는 최대한 빨리 약 15분 정도 계속 물로 씻어 낸 다음 전문의의 진찰을 받도록 한다.

**[해설]**

- 나트륨과 칼륨의 보존

  나트륨과 칼륨은 물이나 산소와 격렬히 반응하기 때문에 등유가 든 병에 담겨 판매된다. 지진이나 다른 사고로 병이 깨지면 화재가 발생할 위험이 크기 때문에 병을 완충재로 감싼 다음 뚜껑이 있는 금속제 용기에 담아서 보관한다.

  나트륨을 사용했거나 등유가 증발해서 액면이 낮아져 나트륨의 상부가 액면 위로 노출되었다면 등유를 보충한다. 보충하는 등유는 염화 칼슘으로 수분을 뺀 다음 사용한다.

• 나트륨의 처리

실험이 끝나 쓸모가 없어진 나트륨은 에탄올과 반응시켜서 처리한다. 에탄올에 나트륨 조각을 넣으면 바닥에 가라앉아 수소를 발생시키면서 나트륨 에틸레이트가 되어 녹는다. 남은 폐액은 강염기(수산화 나트륨보다 강한 염기)이므로 피부에 닿지 않도록 주의하며 다량의 물에 흘려보내서 버린다.

이처럼 나트륨이나 칼륨은 매우 위험한 물질이다. 나트륨은 쌀알 크기 정도만 물속에 집어넣어도 불이 붙지는 않지만 마지막에 강하게 튈 정도로 반응하며, 만약 소량의 물 위에 거름종이를 띄우고 여기에 나트륨을 올려놓으면 불이 붙는다. 오렌지색의 불꽃을 내면서 수소가 불타기 시작하는 것을 관찰할 수 있다. 주위에 다량의 물이 있으면 열을 내더라도 발화할 정도의 온도가 되지는 않는다. 그러나 물에 젖은 거름종이 위에서는 열이 잘 빠져나가지 못하기 때문에 불이 붙을 것으로 생각된다.

또한 칼륨은 물에 넣으면 보라색 불꽃을 내면서 수면을 돌아다닌다. 나트륨보다 원자핵이 훨씬 크기 때문에 가장 바깥쪽 껍질의 전자 1개를 나트륨보다 물에 잘 빼앗긴다(준다)고 생각할 수 있다.

## 커다란 나트륨 덩어리를
## 강에 던지면?

내가 고등학생이었을 때 있었던 일이다. 왜 그렇게 되었는지는 기억이 안 나지만, 선생님이 "이 나트륨 좀 처리해 줄래?"라면서 등유가 증발해 표면이 딱딱해진 커다란 나트륨 덩어리(막대 형태)가 여러 개들어 있는 병을 내게 건넸다.

내가 다닌 학교의 교정에는 강이 흐르고 있었다. 나는 나트륨이든 병을 들고 다리 위에 섰다. 그리고 먼저 작은 덩어리를 강에 던져봤다. 나트륨이 폭발하면서 물기둥이 솟아올랐다. 이어서 커다란 덩어리를 던졌더니 더 큰 폭발이 일어나면서 커다란 물기둥이 솟아올랐다.

쌀알 크기의 나트륨은 물과 반응해서 즉시 폭발하는 일이 없지만큰 덩어리는 폭발한다. 이에 대해 나트륨과 물의 반응으로 발생한수소가 폭발하는 것이라고 설명하는 경우가 있는데 사실은 그렇지않다. 나트륨이 물과의 반응열로 녹으면서 온도가 상승하고, 표면은수산화 나트륨이 주성분인 피막으로 덮인다. 그리고 $600 \sim 700\,^{\circ}\text{C}$가되면 피막이 녹으면서 내부의 나트륨이 물과 직접 접촉해 폭발이 일어나고 충격파가 발생하는 것이다.

나트륨의 처리를 부탁한 선생님은 내가 나트륨을 작게 잘라서 에탄올과 과하지 않게 반응시킨 다음 처리할 것을 기대했는지도 모른다. 어쨌든 이 경험으로 나트륨이 좋아진 나는 대학에서 나트륨 덩어리를 늘어놓고 호스로 물을 뿌려서 나트륨이 폭발하며 연출하는 모습을 친구들에게 보여주기도 했다. 작은 나트륨 조각들이 여기저기로 날아가 불꽃을 내면서 불타는 장면은 그야말로 멋졌다. 그러면서 금속의 홑원소 물질이나 물체에 강하게 매료된 나는 대학교와 대학원에서 화학을 공부했고 대학원에서는 백금 종류를 촉매로 다뤘다. 얼마 후 과학 교육 쪽으로 전공을 바꿨지만 물질의 세계에 대한 흥미와 관심은 지금까지도 계속되고 있다.

## 원자력 발전소에 왜 나트륨이?
### 고속 증식로 '몬주'의 사고

1995년 12월, 후쿠이현 쓰루가시의 원자력 발전소 '몬주'에서 나트륨 누출 사고가 발생했다.

'몬주'는 고속 증식로라는 특별한 원자로의 실용화를 위한 원형原型원자로였다. 고속 증식로는 실험로·원형로·실증로·실용로의 순서에 따라 단계적으로 개발이 진행된다. 실험로에서 기술의 기초를 확인하고 원형로에서 발전 기술을 확립하며 실증로에서 경제성을 예측함으로써 실용화한다. 이 가운데 원형로인 '몬주'는 거의 발전을 하지 않은 채 폐로가 결정되어 현재 폐로 작업이 진행 중인데, 그 가장 큰 원인은 냉각재인 나트륨을 제어하기가 어렵다는 것이었다.

세계에서 운전되고 있는 원자력 발전소는 주로 경수로인데, 경수로에서는 경수(평범한 물)를 감속재와 냉각재로 겸용한다. 그렇다면 왜 고속 증식로인 '몬주'는 나트륨(그것도 융해된 액체 상태)을 사용하는 것일까?

먼저 고속 증식로의 '고속'과 '증식'이 무슨 의미인지 살펴보고 넘어가자. '고속'은 뒤의 증식이 고속이라는 의미가 아니다. 운동 에너지가 높은 고속 중성자를 사용한다는 뜻이다. 경수로에서는 운동 에너지가 낮은 저속 중성자를 사용한다. 또한 '증식'은 원자로에서 핵연료 발생량을 발전을 위해 소비한 양보다 더 늘린다는 의미다.

경수로에서는 우라늄-235를 핵연료로 사용하는데, 이것은 천연 우라늄 속에 0.7%밖에 들어 있지 않다. 에너지 자원량으로서는 석유로 환산해서 비교했을 때 석탄·석유·천연 가스보다 훨씬 적다. 그런 까닭에 고속 증식로에서는 플루토늄 주위에 농축한 열화우라늄(우라늄-235의 함량이 자연 상태보다 낮은 우라늄. 흔히 원자로에서 사용이 끝나 핵분열 능력을 상실한 우라늄을 말한다)을 배치하고 우라늄에 고속 중성자를 흡수시켜서 플루토늄으로 바꾼다.

고속 증식로의 경우, 원자로의 원리는 경수로의 가압수형 원자로(냉각재인 물에 100°C의 온도와 약 150기압의 압력을 가해 생기는 수증기를 이용해 발전기의 터빈을 돌리는 원자로)와 같지만, 물을 사용하지 않는다. 물을 사용할 경우 중성자가 물의 수소 원자와 부딪히면 감속해 고속 중성자의 성질을 잃어버리기 때문이다. 그래서 액체로 만든 나트륨을 사용한다. 나트륨은 자연 발화 온도보다 높은 500°C에 가

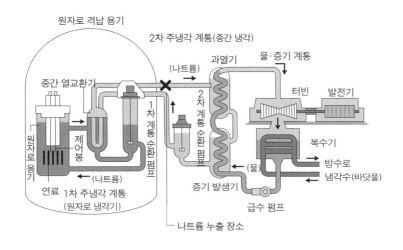

까운 온도의 액체로서 배관을 흐른다. 중성자를 감속시키지 않는 나트륨은 값도 별로 안 비싸고 열을 잘 전달하며 녹는점도 낮아서 고속 증식로에 최적의 냉각재다.

그런데 이 나트륨을 사용하는 것은 굉장히 어려운 일이다. 고속 증식로에서든 경수로에서든 터빈을 돌리는 것은 결국 고온·고압의 수증기다. 고속 증식로에서는 어딘가에서 나트륨과 물의 열교환을 실시해야 한다. 1차 냉각 계통인 원자로의 열로 뜨거워진 나트륨은 중간 열교환기를 통해 2차 냉각 계통의 나트륨에 열을 전달한다. 2차 냉각 계통 나트륨의 열은 증기 발생기에 보내지며, 그곳에서 물을 증기로 바꾸고 다시 그 증기를 더욱 고온의 과열 증기로 만든다. 그러므로 물은 3차 냉각 계통이 된다. 그리고 2차 냉각 계통의 나트륨과 3차 냉각 계통의 물이 가는 관을 사이에 두고 반대 방향으로 흐름으로써 열교환이 실시된다.

그러나 작은 관에 구멍이 뚫리는 사고는 드물지 않게 일어난다. 또한 나트륨은 공기 속으로 새어 나가면 화재를 일으키며, 건물의 콘크리트와도 격렬하게 반응한다. 지금까지 각국이 '몬주'와 마찬가지로 시험 단계에서 나트륨 화재를 경험했으며, 앞에서 이야기한 어려움을 고려해 고속 증식로에서 철수했다.

'몬주'의 나트륨 누출 사고에서는 온도계를 덮는 관에 대해 초보적인 설계 실수가 있었다. 온도계를 덮는 관이 나트륨의 흐름 때문에 발생하는 진동에 꺾여 버린 것이다. 나트륨은 꺾인 부분에 생긴 작은 구멍으로 새어 나갔다. 나트륨의 배관은 그 열 특성 때문에 지름 8m에 두께 1cm라는 매우 약한 구조. 일본에서는 특히 지진으로 배관이 파열되면서 나트륨이 대량으로 누출되어 큰 화재가 발생하지 않을까 우려되고 있었다.

나트륨 이외에도 고속 증식로는 원자로의 폭주가 일어나기 쉽고 사고의 피해도 크다는 본질적인 문제점이 있다. 이것은 플루토늄의 핵분열 특성과 증식을 우선해 고속 중성자를 사용하는 무리한 설계 때문이다. "핵연료는 재활용이 가능한 친환경 에너지원"이라는 이야기를 뒷받침해야 했던 고속 증식로는 전 세계적으로 파탄을 맞았고,

플루토늄 증식의 꿈은 덧없이 사라진 듯하다. 최초로 고속 증식로에 손을 댄 미국과 가장 앞서 나갔던 원자력 발전소 대국 프랑스도 고속 증식로를 정지시켰다. 다만 러시아와 중국, 인도는 고속 증식로의 연구 개발을 계속 진행하고 있는 것으로 보인다.

# 지도에서도 사라졌던
## 독가스 제조 공장의 섬

---

### 토끼가 반겨 주는
### 오쿠노시마섬 기행

2010년에 필자는 토끼섬으로 불리는 오쿠노시마섬(히로시마현 다케하라시 다다노우미정)을 방문해 국민휴가마을(일본에서 국립공원이나 국정공원에 설치된 종합 휴양 시설 – 옮긴이)에 숙박했다.

오쿠노시마섬은 섬 전체가 국민휴가마을로 이루어져 있다. 숙박 시설, 수영장, 테니스 코트, 해수욕장 등이 있으며 섬을 순회하는 산책로도 있다. 토끼들과의 만남이나 계절마다 바뀌는 신선한 해산물 등이 인기가 많다.

항구에서 버스를 타고 오쿠노시마섬의 유일한 숙박 시설 국민휴가마을로 향했다. 휴가마을 본관 앞에서 버스를 내리자 토끼들이 반겨 줬다. 섬에는 약 300마리의 토끼가 있었다. 이 토끼들은 섬 밖의 초등학교 등에서 사육되던 토끼를 반입해 증식한 것이라고 한다. 본관 앞에도 토끼가 많았지만, 산책로나 자전거 도로 주변 등 곳곳에서 토끼를 볼 수 있었다. 본관 앞의 토끼들은 관광객이 오면 모여들었다. 먹이를 주기 때문이다. 한편 산속에 있는 토끼들은 사람이 다가가면 도망쳤다. 먹이를 얻어먹으면서 사는 것이 아니라 스스로 먹이를 구하기 때문일 것이다.

다음날 섬 중앙부에 있는 표고 약 100m의 '불쑥 전망대'에 갈 예정이어서 산책로를 걷는 것은 그때로 미루고, 일단은 자전거를 타고 섬을 한 바퀴 돌았다. 숙박 시설에서 시계 방향으로 자전거를 몰자 곧 산겐야 독가스 저장고 터인 방 두 개가 보이기 시작했다. 과거에 이곳에는 피부가 문드러지는 맹독의 수포성 가스인 이페리트가 저장되어 있었다. 좀 더 나아가니 섬에서 규모가 가장 큰 나가우라 독가스 저장고 터가 나왔다. 이곳에는 약 100t의 독가스 탱크 여섯 기가 놓여 있었다. 전쟁이 끝난 뒤에 화염 방사기로 태워서 처리했기 때문에 벽면이 검게 그을었다.

조금 더 가니 오르막길이 나오고, 메이지 시대 중기의 러일전쟁 때 설치된 포대의 터가 있었다. 항구 앞 도로에서 조금 들어가자 '위험, 출입 금지'라고 적힌 간판이 세워진 '발전소 터'가 있었다. 과거에는 3층짜리 콘크리트 건물에서 600kW의 화력 발전기 몇 대가 작동하고 있었지만, 현재는 흉한 모습의 폐허가 되어 있었다.

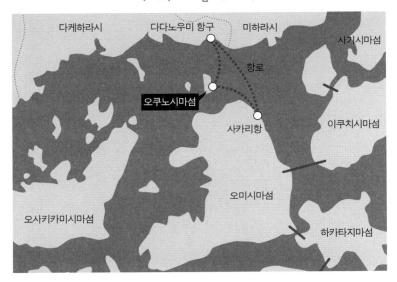

다음날 전망대를 향해 산책로를 걷다 보니 예쁜 꽃을 피운 진달래와 미모사, 섬벚나무가 눈길을 끌었다. 전망대에서는 효탄시마섬이나 시마나미 해도의 다타라 대교도 볼 수 있었다. 높이 226m의 송전선도 가까이서 볼 수 있었는데, 그야말로 장관이었다.

제1잔교의 근처에는 붉은 벽돌로 지은 현대적이고 아담한 단층 건물이 있었다. 오쿠노시마섬 독가스 자료관이었다. 이 자료관은 히로시마 외 관련 자치단체와 장애인단체의 협력으로 1988년에 개설되었다. 섬을 방문한 사람들이 들르기도 하고 초·중학생의 평화 학습의 장으로도 이용되고 있었다.

1929년에 일본의 육군이 오쿠노시마섬에 독가스 제조 공장을 설치했다. 그리고 1945년에 전쟁이 끝나기까지 비밀 지역으로서 이섬을 지도에서 지워 버렸다. 오쿠노시마섬 독가스 자료관은 섬에서 실시된 독가스 제조의 역사와 독가스로 인한 피해 사례를 전시하고 있다. 섬에서 제조에 종사했던 사람들도 독가스를 뒤집어쓰는 사고를 자주 당했으며 많은 사람이 후유증에 시달렸다. 자료관의 자료들에서 독가스의 비참함이 전해졌다.

## 제2차 세계대전 중에
## 오쿠노시마섬에서 극비리에 독가스 제조

오쿠노시마섬의 독가스 제조 공장은 1929년에 생산을 개시했다. 1933년에는 공장이 확장되었고, 1935년에 추가로 확장되었을 무렵에는 겨자 가스(이페리트 가스), 루이사이트, 여러 종류의 최루 가스, 시안화수소(청산 가스)를 전부 극비리에 생산하고 있었다.

국제법상 금지되어 있는 독가스 제조이기에 철저히 기밀을 유지했다. 당시의 일본 지도에는 다다노우미 앞바다가 비어 있었으며, 오쿠노시마섬은 깔끔하게 삭제되어 있었다. 공장의 작업원들은 대부분 군속이었다. 학생 동원으로 여학생 등도 와 있었다. 당시 '독가스 제조에 학생을 관여시켜서는 안 된다'라는 원칙이 있었지만, 드럼통에 든 독물의 운반 등 독가스 제조에 직접 관여하는 위험한 작업에도 동원되었다.

1937년 7월, 루거우차오 사건을 계기로 중국과 전면 전쟁을 벌이게 되자 공장 노동자는 1,000명을 넘어섰다. 전성기에는 5,000여 명이 24시간 풀가동으로 각종 독가스를 제조했다. 제조된 독가스는 중국 전선으로 운반되었다.

독가스 공장에서는 공장 노동자들도 독가스에 노출되어 희생되었다. 최초의 희생자는 1933년 7월에 발생했다. 그는 시안화수소를 주입할 때 실수로 그 비말을 방독면의 정화통(여과용 흡수통) 안으로 받아낸 청년으로, 일순간 가스를 들이마시는 바람에 급성 청산 중독으로 쓰러졌다. 똑바로 뉘었을 때는 이미 온몸에 무서운 경련이 일어난 뒤여서 손을 쓸 수 없는 상태였다. 결국 하루를 더 버텨 내기는 했지만 숨을 거두고 말았다.

다른 많은 공장 노동자도 장기간에 걸쳐 겨자 가스 등을 흡입한 결과 호흡기 질환이 발생했기 때문에 오쿠노시마섬에서 일하면 한 번은 폐렴에 걸린다는 이야기가 흘러나왔다.

잔교 근처의 광장에는 독가스 제조에 관여하다 사망한 사람들을 추모하는 위령비가 세워져 있다. 1985년 건립된 이래 매년 10월이 되면 이곳에서 위령제가 열린다. 그 수는 1989년 10월 시점에 1,662명이었다고 하는데, 지금은 더 늘었을 것이다.

# 겨자 가스와 루이사이트는
## 어떤 독가스일까?

오쿠노시마섬에서 대량으로 제조된 겨자 가스와 루이사이트는 어떤 독가스일까?

겨자 가스는 이름처럼 겨자로 만든 가스가 아니라 마치 겨자 같은 냄새가 난다고 해서 붙여진 이름이다. 이페리트라고도 한다. 휘발성 액체로 피부와 내장에 대해 강력한 미란성靡爛性을 지닌다. '미란'은 피부나 점막의 표면이 헐어서 문드러진 상태를 가리키는 의학 용어다. 그 독성의 효과는 더디게 나타나지만 지속적이다. 피부에 닿으면 피부가 문드러져 화상을 입은 것 같은 상태가 되며 낫더라도 켈로이드(단단하고 붉게 융기한 흉터)가 남는다. 들이마시면 폐까지 손상되고 만다. 이페리트라는 명칭은 제1차 세계대전 당시 벨기에의 이페르라는 도시에서 벌어진 전투(이페르 전투)에 독가스 병기로 사용된 데서 유래했다.

루이사이트도 미란성 독가스다. '죽음의 안개'로도 불리는 루이사이트를 털을 깎은 토끼의 피부에 한 방울 떨어트리자 순식간에 그 자리가 자주색으로 변하며 문드러졌다고 한다. 인간이라면 한 방울만 마셔도 3분 안에 사망한다. 피부에 묻으면 격렬한 통증을 동반하고 들이마시면 구역질과 함께 몸속 전체에 심한 장애가 발생한다.

## 오쿠노시마섬의
## 독가스 병기 제조를 중지한 이유

1933년 독가스를 무기로 사용하는 것에 대해 일본 해군이나 공군 보다 관심이 컸던 일본 육군은 지바현의 나라시노시에 육군 나라시노 학교를 설립했다. 이 학교는 그 후 12년 동안 독가스 병기를 사용하는 화학전 전문가를 약 3,350명 배출했다. 전쟁이 끝난 뒤, 학교에 남아 있던 독가스류는 태평양에 투기되었거나 미군에 접수되어 대부분 처분되었다고 한다. 또한 연구 성과는 731 이시이 부대의 생물 병기 등에 관한 연구 성과와 함께 미군에 인도되었다.

일본은 1939년 여름 이후 중국 국민당과 공산당 연합군을 상대로 겨자 가스를 사용했다. 가장 대규모로 사용한 사례는 4개월에 걸친 우한 점령 작전(1938년 6월 12일~10월 25일)으로, 약 375회나 가스 공격을 실시했다고 한다. 그런데 태평양 전쟁이 시작되기 전후에 가장 활발했던 오쿠노시마섬의 독가스 제조는 1943년경부터 점차 발연통이나 일반 폭탄을 주로 만드는 형태로 바뀌고 독가스는 제조하지 않게 되었다.

첫 번째 이유는 1942년 6월 미국의 루스벨트 대통령이 일본을 향해 던진 다음과 같은 발언 때문이었다.

"만약 일본이 이 비인도적 전쟁 수단을 중국을 포함한 다른 연합국에 계속 사용한다면 미국 정부는 그것을 미국에 대한 동일한 행위로 간주하고 같은 방법으로 최대한 보복할 것이다."

중국에서 일본군이 독가스 병기를 사용했다는 증거를 확보하고 경고한 것이었다. 일설에 따르면 이 경고를 계기로 일본군이 중국에서 독가스 병기를 사용하지 않게 되었다고 한다.

미국 국내에서는 미군의 희생이 증가함에 따라 독가스 병기를 사용해야 한다는 여론이 높아지고 있었다. 이런 정보를 입수한 일본 정부는 국제적십자위원회 등을 통해 "일본군은 중국에서 독가스 병기를 사용하지 않았다"라고 변명했지만 무시당했고, 오히려 미군에서는 독가스 병기의 준비가 진행되었다. 실제로 일본군에 독가스 병기가 사용될 뻔한 상황도 있었다.

두 번째 이유는 자재 부족이었다. 독가스를 만들기 위해서는 대량의 철이 필요한데, 만약 철이 있었다면 일반 폭탄을 더 만들어야 했다. 또 다른 원료인 식염도 식용으로 사용할 분량조차 부족한 상황이었다.

이런 이유로 일본군은 독가스 병기의 제조를 중단했던 것이다.

## 풍선 폭탄을
## 만들기 시작하다

태평양 전쟁 말기가 되자 오쿠노시마섬은 풍선 폭탄을 제조하는 역할을 맡게 되었다. 풍선 폭탄은 제2차 세계대전 당시 패색이 짙어진 일본군이 채용한 아이디어로 수소 가스를 불어 넣은 기구(풍선)에

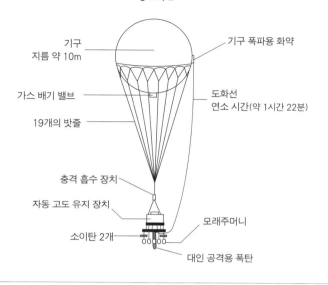

◆ 풍선 폭탄의 구조 ◆

기구
지름 약 10m

기구 폭파용 화약

가스 배기 밸브

도화선
연소 시간(약 1시간 22분)

19개의 밧줄

충격 흡수 장치

자동 고도 유지 장치

모래주머니

소이탄 2개

대인 공격용 폭탄

폭탄을 매달아서 제트기류(편서풍의 흐름)에 태워 미국 본토로 날려 보내는 계획이었다. 당시 일본군이 미국 본토를 공격해 미국 국내를 혼란에 빠트리고자 제작한 비밀 병기였던 것이다.

오쿠노시마섬에서도 폭탄 제조에 동원된 남녀 학생들이 풍선 폭탄을 만들었다. 기구는 곤약 풀을 사용해서 여러 겹으로 붙인 전통 종이로 만들었다. 여학생들은 기구 조립과 종잇조각 이어붙이기, 반구를 구체로 만드는 작업, 기구의 도색 등을 맡았고, 폭탄이나 기타 장치의 부착은 다른 곳에서 이루어졌다.

일본군은 1944년 가을부터 1945년 봄에 걸쳐 약 9,000개를 날려

보냈고 그중 약 100개가 미국 본토에 도착한 것으로 알려진다. 풍선 폭탄이 50시간 전후를 날아서 미국에 도착하면 치밀한 전기 장치를 통해 폭탄과 소이탄이 투하되고, 전통 종이와 곤약 풀로 만든 지름 약 10m의 기구는 자동으로 불타서 사라지는 구조였다. 풍선 폭탄이 미국에 입힌 피해는 산불 정도로 경미했지만, 송전선을 고장 내서 원자 폭탄의 제조를 3일 늦췄다는 사실이 나중에 밝혀지기도 했다. 오리건주에는 피크닉 중에 풍선 폭탄에 목숨을 잃은 가족 6명의 위령비가 있다.

풍선 폭탄에 대해 미국이 가장 두려워했던 것은 생물 병기가 탑재되어서 전염성 세균이 퍼지는 사태였다. 실제로 일본군에서는 731부대가 보유하고 있던 건조 페스트균 등을 탑재할지 논의했는데, 결과적으로는 허가가 나지 않았다. 만약 생물 병기가 사용되었다면 미국도 생물 병기와 화학 병기로 일본에 보복했을 것이다.

# 화학 화상을 일으키는 학교 과학 실험용 약품들

진한 황산이 피부에 닿으면 심한 화학 화상을 입는다. 화학 화상이란 산·알칼리·유기 화합물 등의 화학 약품이 피부에 닿아 생기는 손상이다. 진한 황산은 무색에 끈기가 있는 무거운 액체로 강산 중하나다. 유기물에서도 물의 조성과 같은 비율로 산소와 수소를 빼앗으며 탄소를 유리시킨다. 인체도 물론 유기물이기에 눈이나 피부, 기도에 대해 심한 화학 화상을 일으킨다.

나는 대학생 시절에 이 진한 황산이 눈에 들어가는 아찔한 사고를 경험했다. 실험을 마치고 사용한 시험관을 씻고 있을 때였다. 이때 무심코 절대로 해서는 안 될 행동을 해버렸다. 시험관에는 진한 황산이 들어 있었다. 진한 황산은 물을 만나면 뜨거운 용해열을 내며 물에 녹는다. 진한 황산을 물로 묽게 만들 때는 진한 황산에 물을 붓는 것이 아니라 다량의 물에 진한 황산을 조금씩 넣으면서 섞어야 한다. 만약 진한 황산에 소량의 물을 부으면 물은 한동안 진한 황산 위에 떠 있게 되고, 진한 황산과 물이 만나는 곳에서 커다란 용해열이 발생한다. 그 접합 부분의 물은 끓는점을 넘으며 수증기가 될 때 부피가 크게 증가하면서 물 주위의 진한 황산을 날려 버린다.

이것을 머리로는 알고 있었지만 시험관 속의 액체가 진한 황산이라는 사실을 깜빡 잊고 있었다. 그래서 어떤 물질의 수용액이 들어 있는 다른 시험관과 진한 황산이 들어 있는 시험관을 따로따로 처리해야 했는데 무심코 그 수용액을 진한 황산이 들어 있는 시험관에 부어 버린 것이다. 게다가 이때 진한 황산이 들어 있는 시험관의 입구를 내 얼굴 쪽으로 향하고 내부를 들여다봤다. 그 순간 진한 황산의 일부가 날아와 눈에 들어갔다. 반사적으로 눈을 감았지만 눈 부근이 불에 닿은 듯 뜨거워져서 물로 열심히 씻었다.

이때 내 머릿속에는 실명할지도 모른다는 생각이 스쳐 지나갔다.

한참을 물로 씻은 뒤 조심스럽게 눈을 떴다. '오오, 보인다! 보여!'

거울을 보자 눈 부근이 약간 벌게져 있었다. 진한 황산이 몸에 묻으면 즉시 다량의 물로 씻어 낸다는 기본적인 응급처치가 실명을 막은 것이다. 다행히 지금까지 좌우 모두 맨눈으로 1.2와 1.5라는 좋은 시력을 유지하고 있다.

훗날 고등학교 교사였던 아내에게 이 이야기를 했더니 "당신, 정신 나갔어? 진한 황산이 어떤 건지 몰라? 세상에, 이런 사람이 화학 교사를 하고 있었네"라는 핀잔을 들었다.

이 경험을 통해 나는 과학 교사가 된 뒤에도 이처럼 해서는 안 되는 조작으로 인해 과학 실험 사고가 일어날 수 있다는 사실을 늘 명심했다.

## 피부를 손상시키는
## 강산·강알칼리 약품

학교에서 사용하는 피부를 손상시키는 약품으로는 진한 황산 이외에도 진한 염산, 진한 질산, 수산화 나트륨 등의 강산 및 강알칼리가 있다. 이 가운데 진한 황산, 진한 질산, 진한 염산은 피부에 특별히 베인 상처가 없는 한 조금 닿는 정도로는 그다지 걱정하지 않아도 된다. 몸에 묻었다면 다량의 물로 씻어 내는 것이 원칙이다. 즉시 다량의 물로 씻어 내면 심각한 장애가 오래 남는 일은 거의 없다.

다만 강산 중에서 질산은 몸속에 깊게 침입해 조직을 손상시키므로 특히 정성껏 씻어 내야 한다. 진한 질산의 경우는 시간을 재며 15분 이상 씻어서 피부에 스며든 약품을 닦아 낼 필요가 있다. 시간을 재지 않으면 5분도 길게 느껴져서 '이 정도면 충분하겠지'라고 생각할 때가 많다. 그리고 이때 상온의 물보다는 약간 미지근한 물을 사용하는 편이 좋다. 진한 질산이 달라붙은 손가락을 충분히 씻지 않으면 나중에 손가락을 절단해야 하는 사태에 이를 수 있다.

나는 진한 질산의 증기나 묽은 질산이 닿아서 손가락이 노래지는 현상을 종종 경험했다. 이것은 피부의 단백질이 물든 것이기 때문에 물로 씻어도 사라지지 않는다. 그러나 더 심각한 상황으로 발전하지는 않으며 며칠 안에 새로운 피부가 생기면서 껍질이 벗겨지므로 그때를 기다리면 된다. 질산 수용액에 닿아서 까매졌을 때도 역시 기다리면 된다.

인체에 대한 작용은 산보다 오히려 알칼리 약품에 더 심한 것이 많다. 학교 실험에서 자주 사용하는 강알칼리로는 수산화 나트륨이 있다. 중고등학교는 물론이고 초등학교에서도 알칼리성 수용액을 배울 때 사용한다. 수산화 나트륨은 백색의 고체로 공기 속에 방치하면 수증기를 흡수해 그 물에 녹는다(조해성). 물에 닿으면 격렬한 발열을 동반하며 녹는다. 흔히 피부를 부식시킨다는 뜻의 가성과 나트륨이라는 의미의 소다를 붙여 '가성 소다'라고도 부른다.

약한 농도의 수산화 나트륨은 피부에 닿으면 미끈거리는 느낌이 있는데 이는 단백질이 녹아서라기보다 피부 위의 유지와 비누화 반응을 일으키기 때문이다. 눈에 들어가면 심한 통증을 느끼며 실명할 수도 있다. 이것도 강산과 마찬가지로 피부에 묻었을 때는 즉시 다량의 물로 씻어 낸다. 수산화 나트륨의 단백질에 대한 격렬한 작용을 알면 산(예를 들면 묽은 아세트산)으로 중화시키려는 생각이 들 수 있지만 일단은 물로 씻어 내야 한다. 산으로 중화시키려고 준비하는 사이에 피해가 커지며 또 중화열로 화상을 입게 된다. 이것은 산이 묻었을 경우도 마찬가지다.

학교에서는 과학 동아리 등에서 나뭇잎의 잎맥 표본 만들기, 채소·들풀로 종이 만들기, 비누 만들기 등을 할 때 수산화 나트륨이 든 용액을 가열하다 용액이 튀는 사고가 일어나곤 한다. 일반적인 과학 시간에는 수산화 나트륨 수용액을 가열할 일이 거의 없다.

여담이지만, 중학교 과학 시간에 물의 전기 분해를 실험할 때 '순수한 물은 전기가 통하지 않기 때문에 전기가 잘 통하도록 수산화 나트륨을 첨가하게' 된다. 나는 교과서 편집위원회에서 수산화 나트륨은 사고의 위험이 있으니 황산 나트륨이나 탄산 나트륨을 사용하자고 주장했지만 받아들여지지 않았다.

## 약산·약알칼리도
## 무시해서는 안 된다

포름산(개미산)이나 아세트산은 약산이지만 순액체나 진한 용액은 부식성이 있기 때문에 피부에 묻으면 심한 화학 화상을 입게 된다. 고등학교 화학 시간에 에스테르 합성 실험을 할 때 피펫(일정한 부피의 액체를 정확히 옮기는 데 사용되는 유리관으로 상단에서 시약을 빨아올려 사용함)을 잘못 조작해서 아세트산이 입속에 들어가는 경우가 있다. 빨아들이는 본인에게는 피펫의 눈금 표시선이 잘 보이지 않아 그것을 보려고 집중하다 피펫의 끝이 액면에서 떨어진 순간 힘차게 들이마셔 버리는 것이다. 사실은 나도 고등학생 시절에 그런 실수를 저질렀다. 산이나 알칼리가 입속의 점막 등 저항력이 약한 부위에 닿으면 위험하다.

입으로 빨아들이다 실수로 먹지 않도록 피펫 상단에 끼우는 안전 피페터라는 고무공을 사용하는 것이 좋다. 고무공을 쥐어서 공기를 배출한 다음 흡기 밸브를 열어서 액체를 빨아올리는 방식이다.

또한 묽은 페놀 용액은 피부 소독에 사용되지만, 진한 용액은 닿으면 화학 화상을 일으킨다.

나는 오랫동안 중고등학교에서 화학을 가르치면서 무서워서 하지 못한 실험이 몇 가지 있다. 불소를 발생시키는 실험인데 불소와 수소를 암실에서 1 대 1로 혼합한 다음 빛이 들어오지 않도록 덮개를 씌운 채로 암실 밖으로 가지고 나와서 덮개를 빼면 폭발이 일어나면서 불화 수소가 생기는 실험이다. 불화 수소를 물에 녹여서 약 50% 수용액으로 만들면 불화 수소산(불산) 혹은 플루오린화 수소산이라고 부르는 약산이 되는데 이것도 사용하고 싶지 않았다.

불산은 유리를 녹이기 때문에 유리 용기에 보관할 수가 없다. 폴리에틸렌이나 테프론 용기에 담아서 보관해야 한다. 불산은 강한 부식성이 있어서 유리의 광택 없애기, 반도체의 에칭, 금속의 산 세척 등 공업 분야에서 널리 사용되고 있는데, 인체에는 피부에 닿기만 해도 괴저(조직이 죽는 현상)를 일으키고 내부까지 침투해 뼈까지 녹이는 약품이다. 피부에 닿은 직후에는 거의 자극이 없지만, 몇 시간 후에는 격렬한 통증이 나타난다. 손가락 끝에 묻었을 때는 며칠 후에 손톱이 벗겨진다.

불산이 유리를 녹이는 실험은 다음과 같이 실시한다. 유리판에 파라핀을 바르고, 연필로 파라핀을 깎아 내듯이 글자나 그림을 그린 다음 불산을 덧바른다. 그러면 파라핀이 깎인 부분은 유리가 녹는다. 잠시 후 물로 씻어 내면 유리가 녹은 부분이 움푹 들어간다. 그 다음 파라핀을 제거하면 유리에 글자나 그림이 새겨진 상태가 된다. 과학 실험에 사용하는 유리 용기 중에는 눈금이 새겨진 것이 있는데, 그런 눈금을 새길 때 불산을 사용한다.

이런 실험을 할 때도 절대 학생들에게 시키지 않고 교사가 고무장갑을 끼고 진행해야 한다. 증기도 무섭기 때문에 일반적인 액체 시약처럼 시약병을 기울여서 따르지 않고 사용할 분량만큼만 스포이트나 붓으로 떠 낸다. 또한 이때 시약병의 뚜껑을 열어 놓는 시간을 최대한 줄이려고 노력한다.

2013년 불소와 관련해 세상에 충격을 안긴 뉴스가 보도된 적이 있다. 호감을 느낀 여성이 고백을 받아 주지 않자 그 여성의 신발에 몰래 불산을 발라서 발가락 5개를 전부 절단하도록 만든 사건이었다.

## 30% 과산화 수소 수용액은
## 진할까, 아니면 묽을까?

산·알칼리 이외에 내가 학교에서 과학 시간에 경험한 두 가지 위험한 물질이 있다.

첫째는 과산화 수소 수용액이다. 학교에서 묽은 과산화 수소 수용액을 시험관에 넣고 가열했다가 폭발적인 반응이 일어나서 부상자가 생긴 사고가 있었다. 어떤 중학교 과학 교과서에 실려 있던 실험을 과학 시간에 학생들에게 실제로 해보라고 했다가 일어난 사고였다. 나는 그 실험이 실린 교과서는 사용하지 않았지만, 그 교과서를 사용했던 학교에서는 당연하다는 듯이 그 실험을 했다고 한다. 틀림없이 교과서 집필자의 예비 실험에서는 그런 일이 일어나지 않았겠지만, 사고가 계속되었기 때문에 그 실험 내용은 교과서에서 사라지고 말았다.

사고의 원인은 가열로 물이 휘발하면서 과산화 수소 수용액의 농도가 높아져 폭발적인 분해를 일으킨 데 있었다. 또한 '여유(유토리)교육(학습 내용과 시간을 줄이고 학생의 창의성·자율성을 존중하는 일본식 전인교육 정책)'이 실시되었던 시대에 중학교 과학 교과서에서 '%농도'가 사라졌다. 수용액의 농도를 퍼센트로 표기하는 것은 중학생에게 수준이 높다는 이유에서였다. 당시 나는 중학교 교과서 편집위원으로 참여하여 그 부분을 집필했는데, 퍼센트라는 비율의 개념은 이미 초등학교 수학 시간에 다룬 것이다. 그것을 수용액에서 활용하는 것이 올바른 학습이 아닐까? 그러나 내가 교과서에 기재했던 질량 % 농도를 구하는 식은 교과서 검정에서 삭제되었다. 이런 일을 겪으면서 나는 '여유 교육 비판파' 과학 교육자가 되었다.

그 시대의 교과서에서는 가령 산소를 발생시키는 실험의 준비 사항에 '과산화 수소 수용액 5%'처럼 농도를 퍼센트로 표시할 수 없었기 때문에 그 대신 '묽은 과산화 수소 수용액'이라고만 적어야 했다. 그렇다면 30% 과산화 수소 수용액은 진한 것일까, 아니면 묽은 것일까?

내 주변의 한 과학 교사(생물 전공)는 30%를 묽은 과산화 수소 수용액이라고 생각했다. 그래서 학생에게 그 과산화 수소 수용액에 이산화 망가니즈를 첨가해 산소를 발생시키는 실험을 시켰다. 그러나 30% 과산화 수소 수용액은 시약병에 들어 있는 그대로의 원액이다. 과산화 수소 수용액으로서는 가장 진한 것이라는 뜻이다. 산소 발생 실험에는 3~6%의 과산화 수소 수용액을 사용한다. 그나마 다행인 것은 약품 자체가 수십 년 정도 지난 것이어서 그 기간 동안 자기 분해되어 묽은 과산화 수소 수용액이 되어 있었다는 점이다.

실제로 30% 과산화 수소 수용액에 이산화 망가니즈를 첨가하면 급격히 반응해 용기가 파열되기도 한다. 사고 중에는 과산화 수소 수용액이 실험자의 얼굴에 튀어 흉터가 생겼고 흉터 제거 수술을 받았지만 선 모양의 흉터가 남은 사례도 있다. 과산화 수소 수용액은 눈과 피부, 기도를 부식시킨다. 닿은 부위가 빨갛게 부어오르는 발적을 일으키며 약간 시간차를 두고 강한 통증이 나타난다. 그리고 닿았던 부분이 하얗게 변색된다. 고농도의 증기나 미스트를 흡입하면 폐수종을 일으킬 수 있다. 폐수종의 증상은 2~3시간이 경과하기 전까지 나타나지 않는 경우가 많으며 안정을 취하지 않으면 악화된다.

## 보통은 하지 않는
## 황린 실험 도전기

홑원소 물질로서 인의 종류에는 황린(백린)·적린·흑린이 있다. 성냥갑의 옆면에 발라져 있는 붉은색의 발화연소제가 바로 적린이다. 검은색을 띠는 흑린은 높은 온도와 압력 상태에서 가장 안정적이지만, 공기와 쉽게 반응하는 성질이 있어 실제로는 만들기 힘들며 반도체 신소재로 주목받는 물질이다.

황린은 무색에서 백색 사이의 왁스 같은 고체로 순수한 것은 백색이지만 시판용 제품(순도 99.9%)은 약간 노란색을 띤다. 황린은 발화점이 낮아서(30℃ 정도) 공기 속에 두면 상당히 빠른 속도로 산화하며 흰 연기를 낸다. 그리고 자연 발화해 불타기 시작한다. 그래서 병속에 물을 담고 그 안에 가라앉혀서 보관한다. 또한 병이 쓰러져도 위험하므로 병을 튼튼한 용기에 담아서 보관해야 한다. 불타고 있는 황린에 물을 끼얹으면 불이 꺼지지만, 건조하면 다시 불타기 시작한다. 황린이 부착된 물건은 소각하거나 버너의 불꽃으로 부착된 황린을 전부 태워야 한다. 또한 황린의 가장 골치 아픈 점은 피부에 묻으면 지워지지 않는 화학 화상을 일으킨다는 것이다.

이런 위험한 물질이기에 현재 황린을 보관하고 있는 고등학교는 거의 없을 것이다. 따라서 고등학교 수업 시간에 황린을 본 사람도 많지 않을 텐데, 나는 학생들에게 몇 번 보여준 적이 있다. 물론 보호용 장갑을 끼고 핀셋으로 주의 깊게 다뤘다. 황린을 증발접시에 올려놓고 흰 연기를 내는 모습을 보여주거나 이산화 탄소에 황린을 녹인 용액으로 종이에 글씨를 쓴 다음 이산화 탄소가 휘발하면 자연 발화하는 모습을 보여줬다. 다행히 사고를 일으킨 적은 없었지만 이 실험에서 종이가 순식간에 불타기 시작해 옷을 태운 사고가 일어난 적은 있다.

나는 중학교에서 과학을 가르쳤을 때 다양한 이과 실험을 실시했다. 그리고 '아찔한' 사고도 몇 차례 겪었다. 그러나 사고가 두려워서 실험을 멈추면 물질을 접하면서 그 세계를 탐구해 나가는 과학 수업이 아니라 칠판과 분필과 이야기만 있는 과학 수업이 되어 버린다. 안전 대책을 철저히 세우면서 실험도 곁들인 과학 교육을 진행했으면 하는 바람이다.

3장

# 화학 물질은
# 인류의 적인가,
# 친구인가?

안전하고 효과적인

　　　분무 소독제가 존재할까?

멸균과
소독의 차이

멸균이란 미생물을 완전히 죽여 없애는 것이다. 여기에서 말하는 미
생물은 병원체에 국한하지 않는다. 병원체가 아닌 미생물까지 포함
해 모든 미생물을 죽여 없애게 된다. 물론 우리 주변에 있는 미생물
을 전부 없애기는 불가능하며, 설령 가능하더라도 그랬다가는 오히
려 악영향이 더 크다. 그래서 손이나 수술 용구 등 멸균 대상의 범위
를 한정하게 된다.

　　대상을 멸균하면 그곳에는 살아 있는 미생물이 없어진다. 바이러
스도 불활성화된다. 미생물 중에서 가장 사멸시키기 어려운 것이 세
균의 아포芽胞다. 아포는 일부 세균에서 볼 수 있는데, 열악한 환경에

서는 증식과 대사활동을 중단하고 환경이 좋아지기를 기다리고 있는 상태로 저항력이 강하다. 그래서 일반적으로는 세균의 아포까지 사멸시키는 것을 멸균이라고 부른다.

자주 사용되는 방법은 열을 이용하는 것이다. 보통 2기압에 121℃라는 고온 고압의 수증기로 멸균하는 오토클레이브라는 장치를 사용한다. 멸균 시간은 10~20분이다. 미생물 연구 현장, 의료 현장 등에서 유리 용기나 세균 배지, 거즈, 붕대, 금속 가위나 메스 등을 멸균할 때 사용한다.

요리에 사용하는 오븐과 같은 구조로 150~180℃의 건조 공기를 보내는 멸균기도 사용한다. 160℃에서 1시간, 180℃에서 30분 정도 작동시킨다.

멸균과 비슷한 방법으로 소독이 있다. 소독은 멸균보다 조금 느슨한 방법으로, 아포가 죽지 않는 경우도 있지만 일반적인 세균 등은 사멸시킬 수 있다. 소독에는 끓는 물로 균을 사멸시키는 끓는 물 소독이나 다양한 살균 소독약을 사용하는 방법이 있다.

## 차아염소산수와
## 차아염소산 나트륨

최근 코로나 팬데믹 상황에서 신종 코로나 바이러스 감염을 예방하기 위한 가깝고 확실한 방법은 소독이다. 병원은 물론이고 일반 가정에서도 소독은 간단하게 실행할 수 있는 중요한 감염 예방법이다.

신종 코로나 바이러스에 대한 예방 조치로서 손을 소독할 때는 알코올(소독용 에탄올) 혹은 비누 등의 계면 활성제로 씻기, 물품 표면을 소독할 때는 염소계 표백제(성분:차아염소산 나트륨)를 희석한 용액으로 닦아 내기가 권장되고 있다. 각 방법 모두 바이러스의 불활성화 효과에 관한 근거도 확실하다. 일본의 후생노동성과 경제산업성도 에탄올(알코올), 차아염소산 나트륨, 비누 등의 계면 활성제가 신종 코로나 바이러스의 불활성화 효과가 있다고 인정했다.

그런데 손 소독이나 손잡이 등 물품 표면의 소독뿐만 아니라 방이나 실내, 행사장 등에서 소독액을 공중에 분무해 공간 제균除菌을 시도하는 움직임이 지방자치단체나 기업에서 속출했다. 의료계에서 근거에 따라 공간 제균이 가능하다고 인정하는 방법은 방사선(감마선)·자외선, 산화에틸렌 가스다.

한편 코로나 팬데믹에서 화제가 된 소독액은 차아염소산수다. 차아염소산수는 한마디로 말하면 염소수다. 요컨대 염소 가스가 녹아 있는 물이다. 염소는 공기 속에 불과 0.003~0.006%만 있어도 코와 목의 점막이 손상되고 그 이상의 농도가 되면 피를 토하며 최악의 경우 사망에 이르게 된다.

염소를 물에 녹이면 차아염소산HClO이 생긴다. 차아염소산은 물속에서만 존재하는 화학 형태이므로 '기체 상태의 차아염소산'은 생각하기 어렵다. 차아염소산은 산으로서는 약하지만 강한 산화 작용을 지니고 있어서 상수도나 식품의 소독에 사용된다.

비슷한 것으로 차아염소산 나트륨 수용액이 있다. 백색 고체인 차아염소산 나트륨을 물에 녹인 것으로, 차아염소산수와는 다르다. 이것도 강한 산화력이 있어서 소독제나 표백제로 사용되고 있다.

차아염소산 나트륨은 차아염소산이 들어 있는 물에 수산화 나트륨을 첨가하면 중화 반응이 일어나면서 생기는 차아염소산의 염鹽이다. 수용액은 알칼리성이며 소독 효과가 높아서 오래전부터 소독제로 사용되어 왔다.

차아염소산 나트륨이 들어 있는 염소계 세정제나 곰팡이 제거제에 산성 세정제를 첨가하면 염소가 발생한다. 앞에서 살펴본 것처럼 화장실이나 욕실을 청소하다 사망하는 사고가 일어나 이들 제품에는 '섞으면 위험'이라는 주의문이 적혀 있다.

그러면 차아염소산수를 이용한 공간 제균에 관해 소독의 기본을 되짚으며 생각해 보자.

## 두 가지 유형의 차아염소산수에 소독 효과가 있는 이유

차아염소산수는 크게 나누면 다음 두 가지 유형이 있다.

① 전해 차아염소산수: 식염수를 전기 분해해서 생성한 것.
② 비전해 차아염소산수: 차아염소산 나트륨과 산을 혼합한 것.

①은 양극과 음극 사이를 판막으로 막은 식염수를 전기 분해하면 양극 쪽에 생기는 산성의 물이다. 소독에 작용하는 유효 염소는 주로 차아염소산이다.

②에서 흔한 것은 차아염소산 나트륨 수용액에 염산을 첨가, pH(산성·알칼리성의 잣대)를 조정해서 만든 차아염소산수다.

①에 필요한 전기 분해 장치는 저렴한 비용으로 만들 수 있지만, 균일하고 효과가 높은 조건의 액체로 만들기가 어렵다. 또한 두 가지 모두 장기 보존은 불가능하다.

이들 차아염소산수가 소독 효과를 지니는 이유는 '유효 염소'의 존재라는 공통성이 있기 때문이다. 차아염소산 나트륨 수용액의 경우도 마찬가지다. 유효 염소의 정체는 모두 물속에 들어 있는 차아염소산 또는 차아염소산 이온이다. 살균력은 차아염소산이 차아염소산 이온보다 강하다.

유효 염소의 정체인 차아염소산은 단독으로 추출할 수 없기에 물속에서만 존재한다. 또한 매우 불안전한 물질로, 묽은 수용액으로만 존재하며 서서히 염산과 산소로 분해되어 간다. 특히 '햇볕에 닿거나 온도가 높은' 조건에서는 분해 속도가 빨라진다.

차아염소산에 소독 효과가 있는 것은 유효 산소의 강력한 산화력 덕분이다. 탄소나 수소 등으로 구성된 유기물이 있으면 그 내부의 탄소나 수소 중 일부분을 이산화 탄소나 물로 만들어서 유기물의 분자를 바꿔 버린다. 단백질이나 지질을 포함하고 있는 신종 코로나 바이러스에 대해서도 단백질이나 지질을 다른 물질로 바꿈으로써 불활성화시킨다.

## 차아염소산수 분무로 공간 제균이 가능할까?

감염자의 기침이나 재채기, 대화를 통해서 작은 비말핵이 공중으로 날아간다. 비말핵은 비말이 공기 속에서 건조되어 바이러스만 남은 것을 말한다. 그 비말핵에 바이러스가 들어 있으면 비말을 통해 바이러스가 사람에게서 사람에게로 폭넓게 전파되어 간다.

기침을 통해서 나오는 비말은 대부분이 5μm 이상으로, 1~2m를 날아간 뒤 낙하한다. 이 경우는 근처에 있는 사람에게 비말 감염을 일으킬 가능성이 있다. 한편 크기가 5μm 이하일 경우는 공기의 흐름을 타고 떠다니다 멀리 떨어진 사람에게 비말핵 감염을 일으킬 가능성이 있다.

그러므로 비말핵이나 병원체 바이러스를 포함한 비말이 공중에 떠 있는 동안에 소독제를 분무해 균을 제거하고 싶은 것은 자연스러운 발상이라고 할 수 있다.

## 공간 제균이
## 근본적으로 어려운 이유

공간 제균이 어려운 이유는 분무한 소독제의 비말이 공중에 떠 있는 비말핵이나 비말과 접촉해서 일체화되어 바이러스에 작용해야 한다는 데 있다.

이 만남의 확률이 100%는 아닐지라도 90%대는 되어야 제균 효과가 있으며 그렇게 되려면 소독제 비말의 공간 밀도가 매우 높아야 할 것이다. 말하자면 방 안이 농밀한 소독제 안개로 자욱한 상태가 되어야 한다는 의미다. 밀폐 공간을 산화 에틸렌 가스로 가득 채우고 수 시간을 기다리는 것과 같은 상황인데, 다만 공간을 가스가 아닌 소독제 안개로 채워야 하는 것이다.

손과 손가락에 붙어 있는 바이러스를 비눗물이나 소독액으로 씻어 내서 불활성화시키는 것에 비해 너무 어려운 방법이다.


## 소독제 비말은
## 분무기 입구 주변에서 곧 소멸한다

분무기에서 방출되는 비말의 크기는 수 마이크로미터에서 수십 마이크로미터다. 분무기에서 차아염소산수가 분무되는 모습을 살펴보면 안개는 분무기에서 나온 뒤 10~12초 정도가 지나면 사라지는 듯하다. 대부분은 낙하하거나 비말에서 수분이 단시간에 휘발한다.

그 원리를 살펴보면 염소 + 물 $\rightleftarrows$ 염산 + 차아염소산의 화학 평형에서 염소가 생기는 방향으로 평형이 기울어져 수증기와 염소 가스를 휘발하며 사라져 버리는 것으로 생각된다. 즉 분무기에서 나온 소독제의 비말은 분무기의 입구 주변에 한정되며 그 수명은 상당히 짧은 것으로 예상할 수 있다.

만약 비말의 수명이 길다면 방 안은 우리가 짙은 안개 속을 걸을 때처럼 주위가 잘 보이지 않는 상태가 될 것이다. 또한 소독 효과가 조금이라도 있었다면 그것은 염소의 효과일 것이다.

## 사람에게 해가 없고 제균도 가능한
## 소독제는 없다

차아염소산수가 바이러스와 만난다면 유효 염소의 산화력으로 바이러스를 불활성화시킬 가능성은 있다. 그러나 그 공간에 차아염소산수에 산화되기 쉬운 물질이 있으면 유효 염소가 금방 소비되어 버릴 것이다.

가령 '그 공간에 유기물 덩어리인 인간이 있고, 바닥이나 벽 등에 유기물이 포함된 얼룩이나 때가 있으며, 곰팡이의 포자 등 눈에 보이지 않는 유기물 입자가 떠다니고 있는' 상태라면 차아염소산수 속의 차아염소산은 그런 유기물들과 반응해 금방 소비되어 버린다.

차아염소산수 업계가 만든 차아염소산수 용액 보급 촉진 회의의 기자회견에서 미에대학교 대학원의 후쿠사키 사토시 교수는 "닫힌 계에서 차아염소산 분무의 유무를 기준으로 낙하균의 수를 비교한 결과, 차아염소산수를 분무했을 때는 낙하균의 수가 70% 감소했다. 그러나 같은 공간에 사람이 있었을 경우에는 차아염소산수의 분무 유무에 따른 차이가 없었다. 인간이라는 오염원이 있으면 제균이 제대로 이루어지지 않는다는 것이 앞으로 해결해야 할 과제다"라고 말했다. 이 말은 방에 사람이 있을 경우에는 차아염소산수를 분무하는 것이 효과가 없음을 의미한다.

따라서 깨끗하고 사람이 없는 공간에서 차아염소산수를 분무한 실험 결과는 신뢰할 수 없다. 실제의 현실적 공간과 너무나 다르기 때문이다. 사람이 있는 곳에서 사람이 직접 분무해도 사람에게 해가 없고 공간 제균이 가능하다고 입증된 소독제는 존재하지 않는다.

사람이 없다면 방을 밀폐하고 산화 에틸렌 가스 같은 살균 작용이 있는 가스를 불어 넣어서 살균하는 방법이 있다. 그러나 이 방법도 작업자가 직접 분무하지 않도록 해야 하고, 살균에 필요한 시간이 보통 4시간이며, 그 후 잔류 가스가 사라지기까지 수 시간에서 수일을 기다려야 한다.

## 공간 제균이 가능한 수준이라면
## 인체에 위험하다

차아염소산수는 바이러스의 단백질과 접촉해서 그것을 변질시킴으로써 바이러스를 불활성화시킨다. 그렇다면 공간 제균이 가능한 수준으로 분무된 차아염소산수에 인간이 직접 노출될 경우 어떻게 될까? 차아염소산수의 유효 염소 중 대부분은 피부 등 노출되어 있는 곳과 접촉함으로써 소비되어 버릴 것이다. 피부에는 유기물인 죽은 세포가 많고 피부 상재균도 우글거리기 때문이다.

그럼에도 유효 염소가 그다지 소비되지 않았다고 가정하자. 이 경우 피부는 괜찮을지도 모르지만, 입에 들어가거나 코로 들이마시거나 눈에 들어가면 문제가 달라진다. 코로 들이마신 차아염소산수의 비말은 코, 상기도, 폐의 점막과 만나게 되며 그 단백질을 변질시켜 점막의 세포에 손상을 입힐 것이다. 공간 제균이 어느 정도 가능할 만큼 차아염소산수를 분무하면 그 비말이 건강을 해칠 위험이 높다는 말이다.

공간 제균이 인간에 대한 안전도 충족시키면서 공간에 떠다니는 바이러스를 불활성화시킬 수 있다면 병원에서 제일 먼저 도입했을 것이다. 그러나 대부분의 병원은 공간 제균을 도입하지 않고 있다.

## '바보 식별 장치'로 놀림받은
## 목걸이형 공간 제균제

메르스(중동호흡기증후군)가 유행했을 때, 이산화 염소로 공간 제균을 할 수 있다고 홍보한 상품이 대히트를 쳤다. 이 열풍은 2014년 3월에 일본 소비자청이 이산화 염소를 이용해 공간 제균을 한다고 표방하는 상품의 판매업자 17개 사에 대해 상품 표시법에 의거 시정조치 명령을 내림으로써 어느 정도 진정되었다. 소비자청이 "효과를 뒷받침할 만한 근거가 없다"라며 17개 사에 표시 문구를 변경하도록 시정조치 명령을 내린 것이다. 발매 당시부터 '목에 거는 바보 식별 장치'라는 놀림을 받았던 제품이다.

그리고 코로나 팬데믹 중에도 이산화 염소를 이용해 공간 제균을 한다는 스틱 모양의 제품, 스프레이, 거치형 제품이 팔리고 있다. 재미있는 점은 약품 회사가 판매하고 있음에도 카테고리가 '약품'이 아닌 '잡품'이라는 것이다. 그래서 약기법상 특정 바이러스와 균에 대한 효과를 홍보할 수 없다. 근거도 폐쇄 공간에서 시험한 결과뿐이어서 신뢰성이 낮다.

참고로 이산화 염소에 살균력이 없지는 않다. 그러나 살균에 효과가 있는 농도의 이산화 염소를 코나 입으로 들이마셨다가는 목구멍에 염증 등이 발생해 오히려 신종 코로나 바이러스에 감염되기 쉬워질 것으로 추측된다. 즉, 효과가 있는 농도와 양이 아니기에 부작용이 일어나지 않을 뿐이라고 할 수 있다.

인플루엔자에 대해서든 신종 코로나 바이러스 감염증에 대해서든 근거가 확실한 방법을 추천한다. 요컨대 손을 씻어서 소독할 때는 비누나 알코올 소독액을, 물품 표면을 소독할 때는 차아염소산나트륨 수용액을 사용하는 것이다. 그러나 사람이 있는 공간에서 소독제 등을 분무하는 방법으로 공간 제균을 하는 것은 추천할 만한 방법이 못 된다.

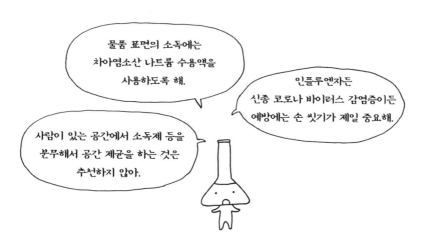

# 인류의 사망 원인 1위 말라리아와 DDT의 싸움

## 강력한 살충 효과를 인정받은
## 최초의 유기 합성 살충제 DDT

증가하는 세계 인구에 맞춰 식량을 증산할 수 있었던 데는 화학의 공이 컸다. 지금으로부터 약 100년 전까지만 해도 농업에서 사용하는 비료는 퇴비나 동물의 배설물 같은 천연 비료가 아니면 칠레 초석(질산 나트륨) 같은 천연자원이었다. 그러다 천연자원만으로는 감당이 되지 않을 즈음에 공기 속의 질소로 암모니아를 합성하는 기술이 개발되면서 암모니아를 원료로 여러 가지 질소 비료를 저렴한 가격에 대량으로 투입할 수 있게 되었다.

또한 화학은 농작물의 병을 방지하고 농작물을 잠식하는 해충을 퇴치하는 농약을 개발함으로써 수확량을 비약적으로 증가시키는 데

◆ DDT의 분자 구조 ◆

공헌했다.

　그런 농약 중 하나로 합성 살충제인 DDT가 있다. DDT는 다이클로로디페닐트리클로로 에탄의 약자다. 제2차 세계대전 중인 1939년에 스위스의 화학자인 파울 헤르만 뮐러가 발견했고 미국에서 제품화되었다. 모기, 파리, 이, 빈대, 진디, 벼룩 등의 곤충에 대해 강력한 살충력을 발휘하며 가격도 저렴해 전 세계에서 널리 사용되었다.

　DDT의 생산량은 30년 사이 300만t에 달했고, 발견자인 뮐러는 노벨 생리학·의학상을 받았다. 모기와 이를 퇴치하기 위해 대량으로 사용되었는데, 이를 퇴치하기 위해 DDT 분말을 사람의 머리에 직접 뿌리기도 했다.

　DDT는 발암성이 우려되었지만, 현재 국제암연구기관IARC의 발암 물질 등급에서는 그룹 2B의 '인간에 대해 발암성이 있을지도 모르는 물질'로 분류되어 있다. 그룹 2B에는 생 고사리(에 들어 있는 프타퀼로사이드), 채소절임, 클로로포름(과거에 마취제로 사용), 납 등이 포함되어 있다. 또한 DDT와 남아의 생식기 이상의 관련성을 나타내는 보고에 따르면 이른바 환경 호르몬 작용(내분비 교란 작용)의 위험이 있다.

## 인류의 목숨을 가장 많이 앗아가고 있는 말라리아 감염증

2020년 현재 세계 3대 감염증은 에이즈·결핵·말라리아다. 이 3대 감염증은 매년 250만 명이나 되는 생명을 앗아가고 있다. 21세기에 들어와 국제적인 지원을 통해 감염 확대 기세가 약해졌다고는 하지만, 현재도 감염 확대를 억제하지 못하고 있는 저개발국이 많아 이 3대 감염증이 주요 사망 원인이 되고 있다.

그중에서도 특히 말라리아는 매년 10만 명의 생명을 빼앗고 있다. 사망자의 93%는 열대열 말라리아가 많이 발생하는 사하라 이남의 아프리카에 집중되어 있으며 대부분이 5세 미만의 아이들이다. 또한 아시아와 남태평양 국가들, 중남아메리카 등지에서도 말라리아가 유행하고 있다. 2002년에 질병 대책을 위해 저·중소득국에 자금을 제공하는 기관으로 스위스에 설립된 '글로벌 펀드' 일본위원회

의 웹사이트에 따르면, 2017년 현재 연간 2억 1,900명 이상이 말라리아에 감염되고 있으며 약 43만 5,000명이 사망하고 있다고 한다.

말라리아는 50만 년이라는 세월 동안 인류를 괴롭혀 왔다. 여전히 인류에게 해를 입히고 있을 뿐만 아니라 치사성이 더욱 강해지고 있기까지 하다. 100여 년 전부터 예방법과 치료법을 다 알고 있음에도 말이다.

인류의 목숨을 위협해 온 감염증이라고 하면 천연두·홍역·페스트 등을 먼저 떠올리는 사람이 많을 것이다. 그러나 아마도 인류를 가장 많이 살육해 온 감염증은 말라리아일 것이다. 말라리아는 학질모기를 매개체로 삼는 말라리아 원충이 일으키는 병으로, 오래전부터 학질이라는 명칭으로 알려져 있었다. 병원체인 말라리아 원충이 몸속에 침입해서 걸리며 열대열 말라리아·삼일열 말라리아·사일열

말라리아·난형 말라리아 4종류가 있다. 어떤 종류든 전형적인 증상
은 평균 10~15일의 잠복기 후에 오한이나 떨림을 동반한 고열, 두
통, 설사나 복통, 호흡기 장애가 발생한다. 그리고 중증화되면 급성
신부전, 간 장애, 혼수 등이 발생하며, 죽음에 이르는 경우도 적지 않
다. 가장 위험한 것은 열대열 말라리아로 말라리아 사망의 95%를
차지한다. 임산부, 인간면역결핍바이러스ᴴᴵⱽ 감염자, 5세 미만의 유
아는 면역 기능이 낮아서 말라리아에 걸리면 중증화되기 쉬운 것으
로 알려져 있다.

## 말라리아와의 싸움에
## 무기로 사용된 DDT

처음으로 선진국에서 말라리아가 큰 문제가 된 것은 제2차 세계대
전 중이었다. 열대·아열대 지방의 전장에서는 적국과의 교전에서
전사한 병사보다 말라리아에 걸려서 사망한 병사가 더 많았기 때문
이다.

　그래서 주목한 것이 DDT였다. 1940년대 초기에 DDT의 샘플이
플로리다주 올랜도에 있는 농무부의 곤충 연구소에 도착했다. DDT
는 살충 효과가 높고 효력을 장시간 유지하며 물에 녹지 않기 때문
에 분말을 사람의 피부에 뿌리거나 들이마시게 해도 영향이 없을 것
같았다. 또한 독성을 유지한 채 환경 속에 몇 개월이나 잔존했다. 안

전하고 냄새가 없으며 공장에서 합성할 수 있었다.

과학저널리스트 소니아 샤가 쓴 《열병 : 말라리아는 50만 년 동안 어떻게 인류를 지배해 왔는가? The Fever : How Malaria Has Ruled Humankind for 500,000 Years》를 통해 인류가 DDT를 무기로 말라리아와 어떻게 싸웠는지 살짝 엿보도록 하자.

미국에서 제일 먼저 DDT를 사용한 곳은 전쟁터였는데, 이어서 농민들도 DDT를 열광적으로 환영했다. 미국에서는 "DDT를 사용하면 온갖 종류의 생물을 근절할 수 있을지도 모른다"라는 발상이 생겨났다. DDT는 곤충에는 치명적이지만 인간에게는 무해한 마법의 약, 기적의 약으로 여겨졌다. 1944년에 1,000만 달러였던 DDT의 매출액은 1951년이 되자 1억 1,000만 달러로 급상승했다. 1944년의 구매자는 주로 군이었지만, 1951년의 구매자는 대부분이 농민이었다.

말라리아 박멸을 위해 다양한 시책이 강구되어 왔는데, 가장 중요한 것은 역시 병원충을 매개하는 모기의 박멸이었다. DDT는 말라리아의 박멸을 위한 강력한 무기가 되었다. 그런데 DDT에 내성을 가진 모기와 파리가 등장하기 시작했다. 가령 WHO의 한 말라리아 연구자는 그리스의 시골에서 점심식사를 즐기다 DDT를 뿌린 벽에 학질모기가 태연하게 붙어 있는 것을 발견했고, 신기할 정도로 내성을 가진 모기나 파리의 존재가 속속 보고되었다. 그러나 1948년 12월에 열린 전국 말라리아 학회에서 미국 공중위생국의 연구자들은 이런 보고들을 검토한 뒤, 그런 벌레는 예외적인 존재이며 기형이고 돌연변이일 뿐이라고 치부했다.

말라리아 학자인 폴 러셀은 1953년에 런던 보건위생열대의학대학원 연구소에서 강연하면서 "DDT를 통해 인류는 말라리아를 능가하게 되었다. 드디어 어떤 곳에서든 저렴한 비용으로 말라리아를 추방하는 것이 가능해졌다"라고 말했다.

1958년 당시 상원의원이었던 존 F. 케네디와 휴버트 험프리가 제출한 법률이 제정됨에 따라 미국 의회는 5년에 걸친 세계 말라리아박멸 계획에 1억 달러의 자금을 할당했다. 수백만 달러가 WHO 등의 국제 조직과 자국의 말라리아 예방 계획을 말라리아 박멸 계획으로 전환하기를 희망하는 국가에 보내졌다. 인도에서는 5,000만 달러를 들여 개발도상국 최대 규모의 말라리아 박멸 활동이 시작되었다.

1957년부터 1963년까지 미국은 말라리아 박멸 계획에 4억 9,000만 달러를 투입했다. 처음 2~3년 동안은 말라리아 이환율罹患率 (일정 기간 내에 발생한 환자 수를 인구당 비율로 나타낸 수치, 발생률 또는 발병률이라고도 함)이 급락했다. 말라리아가 완전히 사라지는 것도 시간문제처럼 생각되었다.

1952년에 미국의 화학 회사들은 1만 2,500t의 DDT를 해외에 판매했으며 이후 수십 년 정도는 그 3배가 넘는 수출량을 유지했다. 그리고 1970년에는 DDT 살포와 모기 번식 장소의 근절, 항말라리아제 사용 확대를 통해 5억 명 이상이 말라리아 감염에서 벗어나게 된 것으로 추정하고 있다. 그러나 거대한 흐름으로 DDT에 내성이 생긴 모기가 출현했다는 사실을 지적하지 않을 수 없다. DDT는 모기를 죽이지 못하고 오히려 모기의 내성만 강화했을 뿐이었다.

미국 국민은 1955년에는 매일 184μg의 DDT를 섭취하는 등 대량의 DDT에 노출되어 있었다. 생물에 축적된 DDT가 사람의 건강에 어떤 위협이 될지는 알 수 없었지만, 많은 미국인이 잔디 위에서 죽은 새가 썩어 가는 모습을 보면서 다음에는 인간의 차례가 될지도 모른다는 불안감을 감추지 못했다.

선진국에서는 독성, 특히 잔류성 때문에 DDT의 제조와 판매를 금지했다. DDT의 몰락에 박차를 가한 것은 1962년에 출간된 레이첼 카슨의《침묵의 봄》이었다. 그리고 1968년이 되자 DDT의 사용이 전면 금지되었다.

말라리아는 고작 18개국에서만 박멸되었다. 그 국가는 선진국이거나 사회주의 국가이거나 섬나라였다.

《열병: 말라리아는 50만 년 동안 어떻게 인류를 지배해 왔는가?》를 번역한 나쓰노 데쓰야는 역자 후기에 다음과 같이 썼다.

이 책에서 드러나는 것은 먼저 50만 년이라는 긴 세월에 걸쳐 인류와 모기를 마음대로 조종하고 있는 말라리아 원충의 경이적인 솜씨다. 항말라리아제를 순식간에 무력화시키고 우리의 방어 기능(면역)을 교묘히 돌파하면서 전혀 쇠퇴하지 않고 인류라는 집단 속에서 살고 있는 모습을 보면 약제 내성균의 위협 따위는 단순한 것으로 생각될 정도다. 유독 말라리아에 관해서는 화학요법제나 살충제 등도 일시적인 위안에 불과하며, 인류는 진화라는 경주에서 역전이 불가능할 만큼 원충에게 뒤처져 있지 않은가 하는 생각조차 든다. 그래도 인류가 전쟁과 빈곤을 제압할 수 있다면 말라리아의 위협은 훨씬 후퇴할 것이다. ……말라리아와 대치하는 인류에게 전쟁과 빈곤의 방치는 2대 이적利敵 행위다.

현재는 치료약이나 살충제가 듣지 않는 내성 말라리아의 증가가 새로운 과제로 대두되었을 뿐만 아니라 온난화로 매개 모기의 서식지 확대가 우려되고 있다. 또한 말라리아를 박멸한 선진국에서 말라리아가 다시 부활할 가능성도 있다.

## DDT의 살포를 중지한 스리랑카에서 말라리아가 되살아나다

스리랑카에서는 1948년부터 1962년까지 DDT를 정기적으로 살포해 그때까지 연간 250만 명에 이르렀던 말라리아 환자의 수를 51명까지 격감시키는 데 성공했다. 이에 스리랑카 정부는 1963년의 시점에 말라리아가 박멸되었다고 판단하고 DDT의 살포를 멈췄다. 다만 이것은 미국에서 시작된 DDT 금지 운동과는 상관이 없었으며,

스리랑카에서는 DDT가 금지되어 있지 않았다. 어디까지나 감염자가 줄어들었기 때문에 예산을 절약하기 위한 결정이었다.

그런데 1968년과 1969년 1사분기에는 말라리아 감염자가 60만 명으로 다시 증가해 버렸다. 스리랑카 정부는 DDT를 다시 사용했지만, 이번에는 DDT를 살포해도 효과가 없었고 감염자가 급증했다. 모기가 DDT에 내성을 획득한 상태였기 때문이다. 그래서 스리랑카 정부는 DDT 대신 말라티온(상품명 말라톤)을 살포함으로써 감염자를 줄였다.

만약 스리랑카 정부가 DDT의 정기 살포를 멈추지 않고 계속했다면(언제까지 계속할 것이냐에 따라서도 달라지겠지만) 말라리아를 박멸할 수 있었을지도 모른다. 한편으로는 DDT 내성 모기의 증가로 결국 감염자가 증가했을지도 모른다.

참고로 2006년에 WHO는 "말라리아의 만연을 막기 위해 유행 지역에서는 DDT의 사용을 권장한다"라는 성명을 발표했다. 그리고 야생 동물이나 인체에 대한 리스크를 최소화하기 위해 '집의 내벽이나 지붕에 뿌려 놓는' 방법을 권장했다. 그러나 DDT에 내성이 생긴 모기에게 효과가 있을지는 의문이다.

# 웃음 가스(일산화 이질소)의 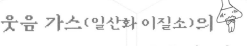 웃을 수 없는 사태

### 질소 산화물인
### 일산화 이질소(아산화 질소)의 정체

질소의 산화물(질소와 산소의 화합물)에는 일산화 이질소·일산화 질소·삼산화 이질소·이산화 질소·오산화 이질소가 있다. 이 가운데 고등학교 화학 교과서에 설명되어 있는 것은 주로 일산화 질소와 이산화 질소다. 가령 내가 고등학교 화학 교과서를 집필했을 때는 다음과 같이 설명했다.

[질소 화합물]

일산화 질소(NO)는 공기를 고온으로 만들면 발생한다.

$N_2 + O_2 \rightarrow 2NO$

일산화 질소는 물에 잘 녹지 않는 무색의 기체다. 공기 속에서 빠르게 산화되어 이산화 질소$NO_2$가 된다.

이산화 질소는 물에 잘 녹는 적갈색의 기체로, 특유의 냄새가 있으며 매우 독성이 강하다.

일산화 질소와 이산화 질소는 특히 자동차 배기가스로 인한 대기 오염에서 문제가 된다. 자동차는 고온의 자동차 엔진 속에서 휘발유 증기와 공기 속의 질소를 반응시켜 그 폭발력으로 엔진을 움직이는데, 이때 공기 속의 질소와 산소가 결합해 일산화 질소가 생겨난다. 자동차 소음기인 머플러에서 배기가스를 밖으로 내보낼 때 촉매를 사용해 질소와 산소로 분해하지만, 분해하지 못하고 남은 일산화 질소는 공기 속에서 산소와 결합해 이산화 질소가 된다. 이산화 질소는 호흡기에 악영향을 끼치며 산성비나 광화학 옥시던트의 원인 물질이 된다.

다만 여기서 주목하는 것은 아산화 질소라고도 부르는 무색무취의 기체(가스)인 일산화 이질소다. 일산화 이질소나 아산화 질소라는 이름에서는 아무런 감흥도 느끼지 못하겠지만, '웃음 가스'라고 하면 느낌이 달라질 것이다. 왠지 재미있는 기체일 것 같다는 생각이 들지 않는가?

웃음 가스는 1772년에 영국인 화학자인 조지프 프리스틀리가 발견했다. 이 가스를 들이마시면 얼굴이 경련을 일으켜서 마치 웃고

있는 것처럼 보이며, 들이마신 본인도 가볍게 취한 것 같은 느낌이
들어 즐거운 기분이 되기 때문에 웃음 가스라는 명칭이 붙었다. 당
시에는 파티 등에서 분위기를 돋우기 위해 사용했다.

## 수술 마취에 사용된
## 웃음 가스

1779년, 영국의 화학자인 험프리 데이비가 웃음 가스의 마취 작용
을 확인했다. 데이비는 볼타 전지를 사용한 전기 분해로 칼륨, 나트
륨, 마그네슘, 칼슘 등 새로운 원소를 차례차례 발견해낸 화학자이
기도 하다.

웃음 가스를 수술의 마취에 처음으로 사용한 사람은 미국의 치과
의사인 호레이스 웰스다. 그는 1844년에 웃음 마취를 이용한 수술
(자신의 사랑니를 발치)에 최초로 성공했다. 그러나 웰스가 실시한 웃
음 마취는 웃음 가스를 100% 사용한 지극히 위험한 방법이었다. 실
제로 그 후 웃음 마취를 한 환자가 사망하는 일이 일어났다. 80%의
아산화 질소와 20%의 산소를 혼합한 가스를 사용하는 등의 방법으
로 산소를 충분히 공급하지 않으면 산소 결핍 상태가 되어 버린다.

여담이지만 웰스는 1845년에 웃음 마취를 이용한 수술을 공개적
으로 실시했으나 실패하고 말았다. 이후 그는 마취 효과가 있는 클
로로포름에 빠져들었고, 정신에 이상이 생겨서 1848년에 다리의 대

동맥을 면도날로 끊고 자살했다.

마취제로서는 에테르나 클로로포름 쪽이 훨씬 주류였다. 외과 수술의 마취제로서 웃음 가스가 본격적으로 사용되기 시작한 것은 오히려 제2차 세계대전 이후였다. 산소와 혼합해서 사용할 수 있고 마취의 정도를 자유롭게 바꿀 수 있다는 점이 재평가를 받은 것이다. 에테르 가스나 클로로포름 가스를 들이마시게 하면 너무 심하게 마취되어 출산할 때 자력으로 아기를 낳지 못하는 일이 생겼기 때문이었다.

일본에서 마취용으로 사용되기 시작한 것은 한국전쟁 이후다. 한국전쟁은 1950년 6월 25일에 북한이 남한과의 경계였던 북위 38도선을 넘어 침공하면서 시작되었다. 그 후 미군 주체의 연합군이 남한을 지원하고 중공군 등이 북한을 지원해 참전했고, 격렬한 공방을 벌이다 1953년 7월에 미국과 북한, 중국의 서명으로 휴전 협정이 성립되었다.

이때 미군 부상병이 일본으로 이송되어 외과 수술 등을 받았는데, 미군으로부터 웃음 가스의 생산 요청이 있었지만 당시 일본의 화학 공업 회사 중 어디에서도 웃음 가스를 만들고 있지 않았다. 이것이 계기가 되어 일본에서도 생산이 시작되었다. 웃음 가스를 만드는 방법은 두 가지로, 질산 암모늄을 열분해하는 방법과 암모니아를 산화시켜 생산하는 방법이 있다.

## 웃음 마취의 부작용과
## 높은 진통 효과

웃음 마취는 그 마취 효과로 볼 때 웃음 가스를 단독으로 사용하는 것으로는 사람을 완전히 마취시키지 못한다. 그 대신 진통 효과가 높다는 장점이 있어서 다른 마취약과 병용해 진통 효과를 기대하는 마취 보조제로 사용된다. 그러나 폐동맥압이나 뇌압을 상승시키고 투여 후에 저산소증을 일으키기 쉬우며 수술 후에 불쾌함과 구토 증상이 나타나기도 한다는 단점도 있기 때문에 현재는 다른 마취제를 동맥 주사하는 방법으로 전신 마취를 하게 되었으며, 웃음 마취를 사용하는 비율은 서서히 감소하고 있다.

치과에서는 주로 치과 치료에 공포를 느끼는 사람을 대상으로 의식을 저하시켜 치료하기 위한 흡입 진통제로 사용하고 있다.


## 웃음 가스는 지구 환경에
## 문제를 일으키는 가스였다!

웃음 가스는 지구 온난화의 원인이 되는 온실 가스 중 하나다. 게다가 21세기 현재 오존층을 파괴하는 가장 강력한 기체임이 밝혀졌다. 여기에서는 온실 가스라는 측면의 일산화 이질소를 살펴보자.

지구의 기온은 태양에서 공급되는 햇빛 에너지와 지표면이나 대기에 반사되는 열방사의 균형을 통해서 결정된다. 태양에서 날아오는 가시광선을 흡수해서 따뜻해진 지표면은 적외선을 방사한다. 방사된 적외선은 전부 우주 공간에 방출되는 것이 아니라 일부는 온실 가스에 흡수되어 다시 지표면을 향해 방출되기 때문에 지표 부근의 대기가 따뜻해진다.

만약 지구 대기에 온실 가스가 전혀 들어 있지 않다면 지구 표면의 평균 기온은 영하 19℃가 될 것으로 추산된다. 그러나 실제로는 14℃ 정도이므로 이 차이는 33℃나 된다. 온실 효과가 본래의 온도보다 33℃나 지표면을 따뜻하게 유지시키고 있는 것이다.

지구 대기의 온실 효과는 주로 수증기에 따른 것이지만, 이것은 인간 활동을 통해서 통제할 수 없기 때문에 수증기는 제외하고 생각한다. 온실 가스를 영향력이 높은 순서대로 나열하면 이산화 탄소, 메테인(메탄), 일산화 이질소, 각종 프레온류이며, 이들 온실 가스에 대해 국제적인 규제가 진행되고 있다.

일산화 이질소 등은 대기의 0.04%를 차지하는 이산화 질소에 비하면 상당히 적은 양이지만 온실 효과는 훨씬 강해서 분자 1개당으로 비교할 경우 메테인은 이산화 질소의 21배, 일산화 이질소는 310배, 프레온은 종류에 따라 다르지만 1,500~8,500배로 생각된다. 온실 가스별 세계 배출량을 이산화 탄소 환산량으로 수치화한 2010년의 지구 온난화 지수(이산화 탄소를 기준으로 다른 온실 가스가 얼마나 지구를 가열하는 능력이 있는지를 나타낸 숫자)를 보면, 이산화 탄소 78%, 메테인 16%, 이산화 이질소 6.1%, 나머지는 프레온류 등으로 나타난다(IPCC, '기후 변화에 관한 정부 간 협의체' 제5차 평가보고서).

일산화 이질소는 토양이나 해양 속에 있는 탈질산화 세균의 일종이 살아갈 에너지를 얻기 위해 질소를 포함한 화합물이나 이온을 탈질화하는 과정에서 만들어진다. 탈질화란 예를 들면, 다음과 같이 한 단계별로 산소가 제거되어 가는(환원되어 가는) 것이다.

질산 이온 $NO_3^-$ → 아질산 이온 $NO_2^-$ → 일산화 질소 NO → 일산화 이질소 $N_2O$ → 질소 $N_2$

특히 농경지에는 질소 비료로 질산 암모늄이나 요소 등이 다량 투입되어 있기 때문에 일산화 이질소가 발생한다. 소·돼지의 분뇨도 일산화 이질소 생성의 근원이 된다. 소는 트림으로 온실 가스인 메테인을 직접 방출한다. 펭귄의 배설물도 일산화 이질소를 생산한다. 배설물 속 질소가 토양의 세균과 접촉해 일산화 이질소로 바뀌기 때문이다.

2020년 5월에 덴마크의 연구팀은 남극 부근에서 서식하는 황제펭귄의 배설물에서 일산화 이질소가 대량으로 배출되고 있다는 논문을 발표했다. 연구자는 "수 시간에 걸쳐 대량의 황제펭귄 배설물 냄새를 맡고 있으면 정신 착란 증세가 나타난다. 기분이 나빠지고 두통이 날 때도 있다"라고 적었다. 이것 역시 웃음 가스의 부작용이라고 할 수 있다.

## 위험 약물 대신
## 웃음 가스가 남용되는 '웃을 수 없는 현실'

웃음 가스는 진통 효과가 있고, 몸에서 마음이 해리되면서 부양감 등이 느껴지며 취한 상태가 된다. 특히 영국에서 2011년부터 '풍선 가스', '시바 가스'로 남용되기 시작했다. 웃음 가스가 들어 있는 카트리지를 통해서 직접 가스를 흡입하거나 풍선에 넣은 다음 흡입하는 젊은이들이 나타났다. 일본에서도 2015년부터 규제가 강해진 위험 약물 대신 웃음 가스가 남용되기 시작했다. 그 결과 세계적으로 질식이나 사망 사고, 반신불수 사고 등이 일어나 규제가 시행되었다. 일본에서는 '자전거의 튜브 충전용 가스' 등으로 용도를 위장해서 판매되고 있었다.

2015년 11월 위험 약물을 판매 목적으로 소지한 무직의 남성(37세)이 약사법(현재의 의약품·의료기기법) 위반 혐의로 체포되었다. 그의 집에서는 웃음 가스를 충전한 소형 봄베(압축가스를 넣고 저장·운반하는 데 사용하는 고압용기) 제품인 '시바 가스' 8개가 압수되었다. 이런 상황에서 2016년 2월에 웃음 가스가 약기법의 지정 약물이 되었다. 지정 약물은 의약용 등의 목적 이외에 판매나 소지, 사용이 금지된다.

웃음 가스가 지구 온난화를 불러오는 온실 가스이며 나아가 약물로도 남용되고 있다는 '웃을 수 없는 사태'가 벌어진 것이다.

# 《침묵의 봄》의 충격

## 우화가 우리에게 호소하는 것

레이첼 카슨의 저서 《침묵의 봄》은 미국에서 1962년에 출판되었다. 다음은 이 책의 앞부분에 나오는 '내일을 위한 우화'의 요약이다.

미국의 오지에 한 마을이 있었다. 생명이 있는 것은 전부 자연과 하나였다. 그 마을에는 풍부한 자연이 있었다. 그런데 어느 날 가축과 인간이 병에 걸려 죽어 갔다. 들판, 숲, 늪지……. 모든 것이 침묵했다. 마치 전부 불태워진 것처럼. 작은 강에서도 모든 생명의 불꽃이 사라졌다.

처마의 빗물받이 속과 지붕널의 틈새로 희고 작은 알갱이가 보였다. 몇 주 전 이 흰 알갱이가 눈처럼 지붕과 정원, 들판, 작은 강에 내렸다.

병든 세계. 새로운 생명의 탄생을 알리는 목소리도 더는 들리지 않았다. 그러나 마법에 걸린 것도, 적의 습격을 받은 것도 아니다. 모든 것은 인간이 스스로 초래한 재앙이었다.

실제로 이런 마을이 존재하는 것은 아니다. 그러나 정도의 차이는 있을지언정 이와 비슷한 일은 일어나고 있다. 이런 재앙이 언제 현실이 되어서 우리를 덮칠지 깨닫게 되는 날이 올 것이다. 대체 무슨 일이 일어난 것일까?

 레이첼 카슨(1907~1964)

## 《침묵의 봄》이
## 제기하는 환경 문제

카슨이 쓴 《침묵의 봄》은 현재 환경 문제를 이야기할 때 빼놓을 수 없는 고전의 위치를 차지하고 있다. 카슨은 《침묵의 봄》에서 무엇을 호소하고 싶었던 것일까?

여기에서 그 내용을 간단히 요약해 소개한다.

- 엄청난 종류의 합성 화학 물질(약 500종류. 그 대부분은 농약이었다) 이 매년 새로 추가되고 있는데, 그런 물질들은 이 지구를 모든 생명체가 쾌적하게 살 수 없도록 만드는 것은 아닐까?

- 당시 살충제는 하루가 다르게 강력해지며 살충 효과를 높이고 있었다. 전문가는 농약의 효력에만 관심이 있을 뿐 그 효과의 전체상을 바라보는 관점은 잃어 가고 있었다.

- 제2차 세계대전 이전에는 비소 화합물이 대량으로 사용되어 그 독성이 문제가 되었다. 지금은 유기염소계 화합물이나 유기인계 화합물이 새와 물고기를 죽이고 인간의 신경계를 손상시키며 최종적으로 죽음을 불러오는 원흉이 되고 있다.

- 농약으로 인한 지표수와 지하수의 오염, 지표와 땅속에 직접 뿌려지는 농약이 오염을 고려하는 데 문제가 될 것이다.

- 토양에 합성 화학 물질을 사용하면 유익한 생물종을 죽이게 된다. 그런 파괴가 생태계를 어지럽히고, 나아가 합성 화학 물질 때문에 죽은 개미를 먹은 야생 생물도 죽음에 이르는 비참한 결과를 초래할 것이다.

- 사람이 합성 화학 물질에 노출되거나 그것을 섭취했을 때, 각각의 물질은 안전 기준의 범위 안에 들더라도 건강상 문제가 되는 것은 그 물질들의 복합적인 영향이다. 또한 정신 장애나 암은 훨씬 시간이 지난 뒤에 나타나기 마련이다.

- 곤충은 수 세대에 걸쳐 살충제에 내성을 획득해 왔다. 그 해결책으

로 대량의 농약을 더욱 빈번하게 뿌리고 있다. 곤충에 대한 합성 화학 물질의 투여는 물레방아와 같아서, 일단 돌리기 시작하면 더는 멈출 수가 없다.

• 합성 화학 물질인 살충제를 절대 사용하지 말아야 한다고 주장하는 것이 아니다. 효과가 좋지만 독성이 있는 약품이 그 독성에 관해 거의 혹은 전혀 알지 못하는 사람들의 손에 무작정 건네지고 있다는 데 문제의 심각성이 있다. 사람들은 이들 약품이 토양, 물, 야생 생물, 그리고 인간 자신에게 어떤 영향을 끼칠지 알아보지도 않고 그것을 무턱대고 사용하고 있다. 정부는 더욱 엄격한 행정 조치를 강구해야 한다.

• 독성이 높은 합성 화학 물질을 대체할 좀 더 위험성이 약한 합성 화학 물질(예를 들면 피레트린 등)의 사용을 생각해 볼 필요가 있다. 동시에 생물학적 방제법의 사용 등 다양한 방법을 개발해야 한다.

## 합성 화학 물질이
## 생태계에 끼치는 영향

카슨은 세세한 것에까지 주의를 기울인 과학자(해양생물학자)이자 저술가였다. 이미 《우리를 둘러싼 바다The Sea Around Us》 등을 통해 문체가 아름다운 베스트셀러 작가로 큰 명성을 얻고 있었다.

미국 어류야생생물국에서 일하고 있던 카슨은 제2차 세계대전 이후에 개발된 합성 화학 물질의 예기치 못한 영향을 처음으로 깨달은 야생생물학자 및 어류학자들과 접촉할 기회가 있었다. 그들은 농약이 새와 물고기, 그 밖의 동물들에게 예상치 못한 영향을 준다는 사실을 인식하고 있었다. 또한 환경 문제를 다루는 사람들은 농약의 해로운 영향에 관해 잘 알고 있었다. 그것에 책임감을 느낀 카슨은 '농약을 주제로 한 무엇인가를 써야 한다'라고 생각했고,《침묵의 봄》을 완성했다.

이 책이 간행된 지 약 사반세기 후, 미국화학회ACS 환경개선위원회 농약부 회원들이 쓴《'침묵의 봄' 재방문Silent Spring Revisited》이 출판되었다.《침묵의 봄》이후에 카슨이 지적했던 것이 어떻게 진행되었는지를 실증적으로 밝혀내려 한 책이다. 이 책을 참고하면서《침묵의 봄》이 끼친 영향을 살펴보도록 하자.

《침묵의 봄》이 출판되기 이전, 미국의 경제계와 정부의 유력자들은 생태학자는 환상에 빠져 현실을 모르는 사람들이라면서 그들의 권고를 무시해 왔다. 그런데 카슨은 그런 자세였던 정부의 최고 권력자들도 움직일 정도의 영향력을 지니고 있었다. 덕분에 그들은 생태계가 생물과 우리 자신의 건강에 매우 중요하다는 생각에 귀를 기울이기 시작했다. 물론 일반인들도 마찬가지였다. 일련의 바다에 관한 저작을 통해 과학자의 재능뿐만 아니라 저술가의 재능까지 겸비했다는 평가를 얻었던 것도 카슨의 강점이었을 것이다.

일부 약품 회사나 그 관련 회사는 매우 신경질적인 반응을 보였다. 《침묵의 봄》의 내용을 감정적으로 비난할 뿐만 아니라 비과학적이고 감정적인 논쟁가라며 카슨을 모욕했다. 농약 공업계나 거래 업계는 팸플릿과 소책자를 홍수처럼 간행해 망가진 농약의 이미지를 옹호하고 복구하려고 노력했다. 일본에서도 다이옥신 문제 등에서 같은 모습을 드러냈다. 다이옥신 문제를 호들갑으로 치부하던 일부 과학자는 《침묵의 봄》을 '악마의 책'이라고 불렀다.

물론 카슨의 지적이 전부 옳았던 것은 아니다. 새는 지금도 노래하고 있으며, 우리의 수명은 이전보다 더 늘었다. 그리고 《침묵의 봄》에서 매우 부정적으로 묘사되었던 현재 DDT·알드린·디엘드린 등은 사용이 금지되거나 엄격하게 제한되었다. 1983년에는 1962년에 비해 유기 염소계 농약의 생산이 3분의 1 이하로 감소했고, 그 결과 다양한 종류의 조류·포유류·어류·파충류의 생육이 회복되어 개체수가 증가하기 시작했다.

산업계는 지속성이 적고 생체에 축적되지 않는 농약 생산을 지향하게 되었다. 합성 살충제를 사용한 병해충 방제를 멈추지 않으면서 야생 생물의 보호에도 주의를 기울이는 것은 분명 험난한 길이지만, 그 노력은 지금도 계속되고 있다.

## 제1세대
## 농약으로부터의 교훈

일본에서 DDT와 파라티온, 아세트산페닐수은(수은제), 펜타클로로 페놀PCP 등이 무분별하게 사용되던 시대가 있었다.

파라티온은 DDT와 함께 제1세대 살충제의 대표적 존재였다. 유기인계 살충제(탄소 골격 화합물에 인이 결합한 물질을 주원료로 하여 제조한 농약 - 옮긴이)로, '폴리돌' 등의 상품명으로 널리 사용되었다. 특히 벼의 해충인 이화명충(이화명나방)에게 특효약이었다. 그러나 사람과 포유류, 조류, 곤충, 수생동물에 대한 독성이 매우 강해서 살포 중에 혹은 오용으로 중독 사고가 일어나는 일이 잦았고, 일본에서는 매년 40명 정도가 파라티온 중독으로 사망했다. 어렸을 때 농약을 치던 아버지는 나에게 "파라티온을 뿌린 논에는 가까이 가면 안 된다"라는 주의를 주곤 하셨다. 파라티온은 1971년에 등록이 취소되었다.

아세트산페닐수은은 벼의 무서운 적인 도열병에 탁월한 효력을 발휘했기 때문에 1945년경부터 일본의 독자적인 방식으로 전국에서 사용되었다. 그런데 바로 그 무렵에 미나마타병의 원인이 메틸수은이라는 사실이 판명되었다. 아세트산페닐수은은 미나마타병의 원인은 되지 않지만, 미량이라도 일부가 쌀에 이행할 것을 고려해 1968년에 비수은계 살균제로 전면 교체되었다.

PCP는 논용 제초제로서 논의 주요 잡초인 피의 제초에 탁월한 효과가 있었기 때문에 1960년대에 많이 사용되었다. 그러나 어패류에 대한 독성이 강해서 아리아케해와 비와호에 생각지 않은 피해를 입혔다. 반딧불이나 잠자리의 감소에는 다른 요인도 있지만, 강에 반딧불이의 먹이가 되는 조개류가 격감함에 따라 먹이를 잃은 반딧불이가 절멸한 것으로 풀이된다. 또한 잠자리 유충의 먹이가 되는 물고기가 감소함으로써 잠자리도 영향을 받아 도시에서 모습을 감추게 되었다.

PCP는 현재 거의 사용되지 않지만, 강에서 흘러든 것이 해저에 쌓여서 여기에 불순물로 들어 있는 다이옥신이 물고기를 오염시킨다는 이야기도 있다.

이런 제1세대 농약에서 얻은 여러 가지 교훈을 통해 농약은 인간에게 덜 해롭고 환경도 배려하는 방향으로 바뀌어 갔다. 그러나 아직 남아 있는 커다란 문제점 중 하나는 표적 생물의 약제 내성(저항성)이다. 같은 종류의 농약을 연속해서 사용하는 것을 피하고 작용 방식이 다른 약제를 추가하며 때로는 생물 농약 등도 활용하는 등의 대책이 필요하다.

일본의 제1세대 농약에서 벗어난 밑바탕에는 《침묵의 봄》에서 제시한 개념이 자리하고 있었다고도 할 수 있다.

## 맺음말

2020년 8월 4일, 레바논의 베이루트에 있는 항구 지역에서 대규모 폭발이 일어났다. 220명 이상이 사망하고 6,000명 이상이 다쳤으며 30만 명 이상이 집을 잃은 것으로 추산되었다. 이 책에서 소개하는 것은 지면의 한계가 있었기에 이 자리를 빌려 잠시 소개하고 넘어가려 한다.

사고 현장이었던 창고에는 약 2,750t의 질산 암모늄이 충분한 안전 대책 없이 6년에 걸쳐 보관되어 있었다. 질산 암모늄은 비료의 원료로 사용될 뿐만 아니라 폭약에도 사용되는데, 그 질산 암모늄이 이번에 일어난 대규모 폭발의 원인으로 생각되고 있다.

다시 한번 말하지만, 질산 암모늄은 주로 비료로 사용될 뿐만 아니라 폭약에도 사용되고 있다. 질산 암모늄 95%와 연료유 5%를 섞은 것이 ANFO 폭약이며, 질산 암모늄과 물 등을 섞은 함수 폭약은 커다란 폭발력을 갖고 있어 광산이나 건설 현장에서 사용되고 있다. 질산 암모늄계 폭약은 적절히 다루면 매우 안전한 것으로 생각되고 있지만, 지금까지도 부적절한 조작이나 테러의 도구로 사용돼 여러 차례 큰 사고를 일으켰다.

가령 1947년에는 텍사스주 텍사스시티의 항구에서 질산 암모늄 포대를 쌓아 놓은 화물칸에 화재가 발생했는데, 불길을 잡으려고 개구부인 해치의 뚜껑을 닫아 버렸다. 2장의 '폭발 건널목'에서 이야기했듯이 위험한 닫힌계에 가까워져 고온·고압 상태가 만들어진 것이다. 그 결과 질산 암모늄이 폭발해 최종적으로 581명이 사망하고 5,000명 이상이 다치는 대참사가 벌어졌다. 그 밖에도 이따금 테러리스트가 질산 암모늄 폭탄 사고를 일으키고 있다.

앞서 출간한《재밌어서 밤새 읽는 화학 이야기》에는 나의 경험담도 담았다. 초·중학생 시절에 과학을 좋아하게 된 것을 계기로 지금까지 여러 가지 경험을 해왔기 때문이다. 중학교 3학년 때, 시험관 2개에 들어 있는 무색의 수용액을 섞으니 흰색으로 탁해지면서 침전물이 생기는 실험을 했다. 현재의 중학교 과학 시간에는 배우지 않지만, 탄산 이온과 칼슘 이온이 결합해 탄산 칼슘의 침전물이 생기는 실험이다.

나는 그런 수수한 화학 변화에도 매료되어 공업고등학교 공업화학과에 진학했다. 고등학교에서는 일주일에 하루, 아침부터 저녁까지 실험을 하는 '실험의 날'이 너무나도 즐거워서 더 공부하고자 대학의 교육학부에서 화학 교실에 들어갔다. 그리고 대학원에서 화학 강좌를 수료하고 중고등학교 과학 교사가 되었다.

이 책에도 전작《재밌어서 밤새 읽는 화학 이야기》에서처럼 과학 교사 시절에 수업에서 다뤘던 화학 실험 이야기를 넣었다. 나는 오랫동안 중학교 과학 교과서의 편집위원 및 집필자를 맡아 왔는데, 내가 수업에서 해보고 학습 효과가 높았던 실험을 교과서에 넣기도 했다. 1장의 첫머리에서 소개한 나트륨과 염소의 화학 반응은 위험성이 있어서 교과서에 넣을 수 없었지만, 내 수업 시간에는 학생들에게 보여줬다.

중고등학교 과학 교사 이후 대학교의 교원이 되었지만, 전공이 과학 교육이었던 영향으로 정년이 된 지금도 때때로 아이들에게 실험이나 수업을 하고 있다. 며칠 뒤에는 식초로 달걀껍데기를 녹여서 탱탱볼 달걀 만들기와 달고나 만들기를 소재로 한 아동용 동영상을 촬영할 예정이다.

때때로 초등학교에서 과학 수업을 하고 있다. 드라이아이스를 사용한 수업, 네오디뮴 자석을 사용한 수업, 수소의 폭발을 체험하는 수업 등이다. 또 대학교에서는 학교에서 과학을 어떻게 가르쳐야 하는지에 대한 내용으로 과학 교육법 강의를 하고 있다. 때로는 시민 대상의 강좌도 한다.

강의실에서 얼굴을 마주 보고 '이야기'하는 것 같은 느낌으로 책을 쓰고 싶었다. 독자 여러분이 조금이나마 이야기를 듣는 것 같은 무서운(+즐거운) 마음으로 이 책을 읽어 준다면 행복할 것이다.

마지막으로, 이 책의 기획과 편집에 힘써 주신 PHP 에디터즈 그룹 서적편집부, 편집장인 미메 가쓰미 씨에게 감사 인사를 전한다.

# 참고문헌

사마키 다케오, 《중학생도 이해할 수 있는 화학의 역사》, 치쿠마서방, 2019년.

사마키 다케오, 《재미있어 잠을 잘 수 없게 되는 화학》, PHP 에디터즈 그룹, 2012년(국내
　　번역본: 김정환 옮김, 《재밌어서 밤새 읽는 화학 이야기》, 더숲, 2013년).

사마키 다케오, 《재미있어 잠을 잘 수 없게 되는 원소》, PHP 에디터즈 그룹, 2016년(국내
　　번역본: 오승민 옮김, 《재밌어서 밤새 읽는 원소 이야기》, 더숲, 2017년).

시게마쓰 에이이치, 《화학: 물질의 세계를 올바르게 이해하기 위해》, 민중사, 1996년.

국립천문대 편저, 《과학 연표 2015년》, 마루젠출판, 2014년.

사마키 다케오 · 이시지마 아키히코 · 야마모토 아키토시 · 니시가타 지아키, 《과학 실험 안
　　전 매뉴얼》, 도쿄서적, 2003년.

시어도어 그레이 지음, 다카하시 노부오 옮김, 《Mad Science: 불꽃과 연기와 굉음의 과학
　　실험 54》, 오라일리 재팬, 2010년(국내 번역본: 배은경 옮김, 《테오도르 그레이의 괴짜과
　　학》, 옥당, 2010년).

〈RikaTan(이과 탐험)〉, 2014년 가을호(통권 12호), SAMA기획.

이케다 게이이치, 《실패의 과학: 세상을 깜짝 놀라게 한 그 사고의 '실패'에서 교훈을 얻
　　다》, 기술평론사, 2009년.

고지마 마사미, 《알츠하이머병에 대한 오해: 건강에 관한 리스크 정보를 읽는 법》, 리용사,
　　2007년.

이나야마 마스미 · 오야 마사루 편저, 사마키 다케오 감수, 《비누 · 세제의 100가지 지식》, 도
　　쿄서적, 2001년.

전기화학회 편저, 《전지는 어디까지 가벼워질까?》, 마루젠출판, 2013년.

"후타마타 터널 폭발 사고" 위키백과(Wikipedia).

몬나 히로미, 《화학 재해》, 료쿠후출판, 2015년.

몬나 히로미, 《화학 방재 독본: 화학 재해로부터 어떻게 몸을 지킬 것인가》, 료쿠후출판,
　　2017년.

존 G. 풀러 지음, 노마 히로시 감역, 《죽음의 여름: 독구름이 흘러들어간 마을》, 안비엘,
　　1978년(원서: 《The Poison That Fell From The Sky(하늘에서 떨어진 독)》).

료쿠후출판 편집부 편저,《고속 증식로 몬주 사고》, 료쿠후출판, 1996년.

"오쿠노시마섬의 독가스 제조" 위키백과(Wikipedia).

사오토메 가쓰모토·오카다 레이코 편저,《어머니와 아이가 함께 보는 독가스 섬》, 구사노 네출판회, 1994년.

사마키 다케오, "차아염소산수란 무엇인가? 공간 제균은 가능한가?", WEB 논좌 아사히신문사, 2020년(https://webronza.asahi.com/national/articles/2020061500001.html).

소니아 샤 지음, 나쓰노 데쓰야 옮김,《인류 50만 년의 싸움 : 말라리아 전사(全史)》, 오타출판, 2015년(원서 :《The Fever : How Malaria Has Ruled Humankind for 500,000 Years(열병 : 말라리아는 50만 년 동안 어떻게 인류를 지배해 왔는가?)》).

"UPS 항공 006편 추락 사고" 위키백과(Wikipedia).

이와타니산업 주식회사 편저,《가스 : 알려지지 않은 맨얼굴》, 실업의일본사, 1982년.

레이첼 카슨 지음, 아오키 아이치 번역,《침묵의 봄》, 신초샤, 1974년(국내 번역본 : 김은령 옮김, 홍욱희 감수,《침묵의 봄》, 에코리브르, 2011년).

G. J. 마르코 편저, 하타노 히로유키 감역,《'침묵의 봄' 재방문》, 화학동인, 1991년(원서 :《Silent Spring Revisited(다시 찾아간 '침묵의 봄')》).

나가야마 준야,《다이옥신은 무섭지 않다는 거짓말》, 료쿠후출판, 2007년.

무섭지만 재밌어서 밤새 읽는
# 화학 이야기

**1판 1쇄 발행** | 2022년 12월 23 일
**1판 3쇄 발행** | 2024년  1월 15 일

**지은이** | 사마키 다케오
**옮긴이** | 김정환
**감수** | 노석구

**발행인** | 김기중
**주간** | 신선영
**편집** | 백수연, 정진숙
**마케팅** | 김신정, 김보미
**경영지원** | 홍운선
**펴낸곳** | 도서출판 더숲
**주소** | 서울시 마포구 동교로 43-1 (04018)
**전화** | 02-3141-8301
**팩스** | 02-3141-8303
**이메일** | info@theforestbook.co.kr
**페이스북 · 인스타그램** | @theforestbook
**출판신고** | 2009년 3월 30일 제 2009-000062호

**ISBN** 979-11-92444-40-6 (03430)